古典文獻研究輯刊

十 編

潘美月・杜潔祥 主編

第 8 冊

《孫子兵法》與《吳子兵法》比較研究

孫 建 華 著

國家圖書館出版品預行編目資料

《孫子兵法》與《吳子兵法》比較研究／孫建華 著 — 初版 —
台北縣永和市：花木蘭文化出版社，2010〔民99〕
目 6+168 面；19×26 公分
（古典文獻研究輯刊 十編；第 8 冊）
ISBN：978-986-254-146-3（精裝）
1. 孫子兵法 2. 吳子兵法 3. 兵學 4. 比較研究
592.092 99001863

ISBN - 978-986-254-146-3

9 789862 541463

古典文獻研究輯刊
十 編 第八冊 ISBN：978-986-254-146-3

《孫子兵法》與《吳子兵法》比較研究

作　　者　孫建華
主　　編　潘美月　杜潔祥
總 編 輯　杜潔祥
企劃出版　北京大學文化資源研究中心
出　　版　花木蘭文化出版社
發 行 所　花木蘭文化出版社
發 行 人　高小娟
聯絡地址　台北縣永和市中正路五九五號七樓之三
　　　　　電話：02-2923-1455／傳眞：02-2923-1452
網　　址　http://www.huamulan.tw 信箱 sut81518@ms59.hinet.net
印　　刷　普羅文化出版廣告事業
初　　版　2010 年 3 月
定　　價　十編 20 冊（精裝）新台幣 31,000 元

《孫子兵法》與《吳子兵法》比較研究

孫建華　著

作者簡介

孫建華，
1955 年 1 月 2 日生於苗栗
學齡前遷於新竹眷村成長（貿易八村）
小學就讀於建功國小
最後一屆初中的犧牲品（竹二中）
翹課與麻將的三年高中（竹東高中）
連續考四年的大專聯考
1976 年以老童生考取大學
1980 年畢業於文化大學中文系
1982 年服預官役畢
1982 年至 2005 年任職軍訓教官
2003 年畢業於玄奘大學中文研究所
曾任職明新科技大學講師
現任職空中大學講師

提　　要

　　研究範圍以先秦兵學為主，其中《孫子兵法》以台灣中華書局出版之據平津館本校刊四部備要子部本為主；《吳子兵法》同樣以台灣中華書局出版之據平津館本校刊四部備要子部本為主。

　　研究方法先從孫武、吳起當時背景、社會狀況做一概略說明，再探討儒、道、墨、法四家兵學思想，接著探討《左傳》，綴之《尚書》、《詩經》之相關論述，因《左傳》詳於敘事，尤其全書記錄了四百九十二起戰爭，其中又有行人辭令往往是相互較勁之工具，因此行人附焉。次論其人、其書及思想，最後做一比較，分政治、經濟、軍事、心理、特殊見解、軍事上的仁本觀、不合時宜及難解之處等七方面來比較。

　　中國古書，向來不乏探討其真偽及作者為何人，二子自不例外，因此本文於第二章人物篇，皆有專文敘述。

　　二書皆名兵法，所以多從軍事角度觀之，故軍事方面論述為主，但中國古時兵家之言，從未離仁，故「仁本」是非常重要的觀念，因仁本之故，方知「以民為本」，「本固邦寧」之道，所取《尚書》、《詩經》、《左傳》皆然，儒、道、墨、法各家亦然，故以仁本論述為輔，庶幾從事軍事者，知所取捨矣。

目

次

緒　論

　　今人言兵，多道《孫子》，尤以近之二次波斯灣戰爭，美軍多所稱道，益顯《孫子》之突出，然先秦論兵，孫、吳並稱，《史記》也以孫、吳並傳，何以至今《孫子》之名未曾墜落？《吳子兵法》卻少人言及？這是引起研究的動機。

　　周朝王綱解體後，諸侯之間相互爭雄，在「境內皆言兵」(《韓非·五蠹》)的情況下，兵家之學必定興盛，至秦始王統一天下後，兵學應束之高閣而以休養生息為主，但中國戰爭未曾稍歇，以至於今，故從戰爭是政治的延續，是解決政治紛爭的最後手段來看，兵學反而無法退出舞台，文事、武備反而等量齊觀。春秋、戰國兵家倍出，以至於先秦兵學燦然大備，目前孫、吳二人在中國兵學上，是兵法先出者且並稱於當世，故以二者做一比較研究，以觀其二人異同及其影響。

　　研究範圍不脫先秦兵學，其中《孫子兵法》以台灣中華書局出版之據平津館本校刊四部備要子部本為主，再參考大陸中華書局（周）孫武撰；（宋）吉天保集註；（宋）鄭友賢補註分三卷之《十一家註孫子》為輔，卷上：計篇、作戰篇、謀攻篇、形篇。卷中：勢篇、虛實篇、軍爭篇、九變篇、行軍篇。卷下：地形篇、九地篇、火攻篇、用間篇。另原文並參考日本服部千春著之《孫子兵法校解》，因其校讎的版本有：《宋本十一家註孫子》、《竹簡本孫子》、《櫻田本孫子》、《武經七書本孫子》、《武備志本孫子》、《岱南閣叢書本孫子》。《吳子兵法》同樣以台灣中華書局出版之據平津館本校刊本為主，再以商務民國七四年出版本為輔，內容以其中所收之卷上圖國、料敵、治兵；卷下論將、應變、勵士六篇為主。

　　斯時也，有斯人也。當時的相關背景一定影響當時的人，所以研究方法是先從背景資料論起，次論其人、其書及思想，最後做一比較，分政治、經濟、軍事、心理、特殊見解，軍事上的仁本觀、不合時宜及難解之處等七方面，在比較當中，以「解經用經」的方式，來摘錄原文歸納、分析爲主，且大都論及對後來的影響，故不再另立篇章討論之。

第一章　背　景

第一節　春秋戰國時代概述

一、時代的劃分

春秋時代

　　當時各國的歷史皆可稱爲春秋，自孔子刪魯史而成《春秋》後，「《春秋》」遂成爲專有名詞了。從魯隱公元年（西元前 722 年）至魯哀公十四年（西元前 481 年）止，凡二四二年。大致是東周的前半期，從周平王四十九年至周敬王三十九年。

戰國時代

　　從周敬王四十年（西元前 480 年）起，至秦王政二十五年（西元前 222 年）止，這是秦國統一的前一年，凡二百五十九年。

　　另一分法是以周威烈王二十三年（西元前 403 年），作爲戰國時代的開始，因爲這一年韓、趙、魏三家晉之大夫，始由周受命爲諸侯，封建社會的政治體系被破壞。

二、春秋與戰國概述

　　西周時期，周王保持著「天下宗主」的威權，他禁止諸侯國之間互相攻擊或兼併。平王東遷以後，王室衰微，再沒有控制諸侯的力量。同時，社會經濟的迅速發展，一些被稱爲蠻夷戎狄的民族，在中原文化的影響或民族融合的基礎上，很快趕了上來。中原各國也因社會經濟條件不同，有的強大起

來，有的衰落下去。於是諸侯國互相兼併，大國間爭奪霸主的局面出現了。諸侯林立的情況，嚴重束縛了經濟文化的發展，各國的兼併與爭霸促成了各個地區的統一。因此，東周時期的社會大動盪，爲全國性的統一準備了條件。

平王東遷以後，西土爲秦國所有。它吞併了周圍的一些戎族部落或國家，成了西方強國。在今山西的晉國，山東的齊、魯，湖北的楚國，北京與河北北部的燕國，以及稍後於長江下游崛起的吳、越等國，都在吞併了周圍一些小國之後，強大起來，成了大國。於是在歷史上展開了一幕幕大國爭霸的激烈場面。

首先建立霸業的是齊桓公。他任用管仲，改革內政，使國力強盛。又用管仲的謀略，以「尊王攘夷」爲號召，聯合燕國打敗了北戎；聯合其它國家制止了狄人的侵擾，「存邢救衛」；西元前六五六年，齊國與魯、宋、鄭、陳、衛、許、曹諸國聯軍侵蔡伐楚，觀兵召陵，責問楚爲何不向周王納貢。楚的國力也很強盛，連年攻鄭。但見齊桓公來勢凶猛，爲保存實力，許和而罷。以後，齊桓公又多次大會諸侯，周王也派人參加盟會，加以犒勞。齊桓公成了中原霸主。

齊國稱霸中原時，楚國向東擴充勢力。齊桓公死後，齊國內部發生爭權鬥爭，國力稍衰。楚又向北發展。宋襄公想繼承齊桓公霸業，與楚較量，結果把性命都丟了。齊國稱霸時的盟國魯、宋、鄭、陳、蔡、許、曹、衛等國家，這時都轉而成了楚的盟國。

正當楚國想稱霸中原之時，晉國勃興起來。晉文公回國後整頓內政，增強軍隊，也想爭當霸主。這時周襄王被王子帶勾結狄人趕跑，流落在外。晉文公以爲是「取威定霸」的好機會，便約會諸侯，打垮王子帶，把襄公送回王都，抓到了「尊王」的旗幟。西元前六三二年晉楚兩軍在城濮大戰，晉軍打敗了楚軍。戰後，晉文公在踐土會盟諸侯，周王也來參加，冊命晉文公爲「侯伯」（霸主）。

晉楚爭霸期間，齊秦兩國雄踞東西。春秋中葉以後，楚聯秦，晉聯齊，仍是旗鼓相當。但爭霸戰爭加劇了各國內部的矛盾，於是出現了結束爭霸的「弭兵」。西元前五七九年，宋國約合晉楚訂了盟約：彼此不相加兵，信使往來，互相救難，共同討伐不聽命的第三國。「弭兵」反映了兩個霸主之間的勾結與爭奪，也反映了一些小國想擺脫大國控制的願望。西元前五七五年晉楚於鄢陵大戰，楚大敗；西元前五五七年晉楚於湛阪大戰，楚又敗。這一期間，

晉秦、晉齊之間也發生過大戰，晉獲勝。西元前五四六年，宋國再次約合晉楚「弭兵」，參加的還有其它十多個國家。會上商定：中小國家此後要對晉楚同樣納貢。晉楚兩國平分了霸權。

當晉楚兩國爭霸中原時，長江下游崛起了吳、越這兩個國家。晉為了對付楚國，就聯合吳國。吳、楚之間多次發生戰爭。西元前五〇六年，吳國大舉伐楚，節節勝利，一直打到楚都。從此，楚的國力大大削弱。在晉國聯吳制楚時，楚國則聯越制吳，吳、越之間戰爭不斷。吳王闔閭在戰爭中戰死，其子夫差立志報仇，大敗越王勾踐，並率大軍北上，會諸侯於黃池，與晉爭做盟主。越王勾踐「臥薪嘗膽」，積蓄力量，乘吳王夫差北上爭霸之機，發兵攻入吳都。夫差急忙回歸，向越求和。不久，越滅吳，勾踐也北上會諸侯於徐州，一時成了霸主。

春秋時期各國的兼併與鬥爭，促進各國、各地區社會經濟的發展、也加速了不同族屬間的接觸與融合。經過這一時期的大動盪、大改組，幾百個小國逐漸歸併為七個大國和它們周圍的十幾個小國。

戰國時代的形勢是：楚在南，趙在北，燕在東北，齊在東，秦在西，韓、魏在中間。在這七個大國中，沿黃河流域從西到東的三個大國——秦、魏、齊、在前期具有左右局勢的力量。

從魏文侯開始至西元前四世紀中葉，是魏國獨霸中原的時期。魏的強大，引起韓、趙、秦的疑慮，它們之間摩擦不斷。西元前三五四年，趙國攻衛，魏視衛為自己的屬國，於是出兵攻打趙都邯鄲。趙向齊求援，齊派田忌救趙，用孫臏之計，襲擊魏都大梁。時魏軍雖已攻下邯鄲，不得不撤軍回救本國，在桂陵被齊軍打敗。次年，魏、韓聯合，又打敗齊軍。西元前三四二年魏攻韓，韓向齊求救，齊仍派田忌為將，孫臏為軍師，設計將魏軍誘入馬陵埋伏圈，齊軍萬箭齊發，魏國大將龐涓自殺，魏太子申被俘。這就是著名的馬陵之戰。由此造成了齊、魏在東方的均勢。

秦國自商鞅變法後，一躍成為七國中實力最強的國家，於是向東擴展勢力。先是打敗了三晉，割取魏在河西的全部土地。後又向西、南、北擴充疆土，到公元前四世紀末，其疆土之大與楚國接近。

在秦與三晉爭鬥之時，齊國在東方發展勢力。西元前三一五年，齊國利用燕王噲將王位「禪讓」給相國子之而引起的內亂，一度攻下燕國。後因燕人強烈反對，齊軍才從燕國撤出。當時能與秦國抗爭的唯有齊國，鬥爭的焦

點則集中在爭取楚國。

楚國的改革不徹底，國力不強，但它幅員廣大，人口眾多。楚結齊抗秦，使秦國的發展大受影響。於是秦派張儀入楚，勸楚絕齊從秦，許以商於之地六百里為代價。楚懷王貪圖便宜，遂與齊國破裂。當楚國派人去要地時，秦國拒不交付。楚懷王興兵伐秦，大敗而回。楚國勢孤力弱，秦便東向進圖中原。先是與韓、魏爭鬥，後與齊國爭鬥。西元前二八六年，齊滅宋，使各國感到不安。秦國便約韓、趙、魏、燕國攻齊，大敗齊軍。燕國以樂毅為將，趁勢攻下齊都臨淄，攻佔七十餘城。齊湣王逃至國外，為楚所殺。齊國的強國地位從此一去不復返。由此，秦國開始了東向大發展。

西元前二四六年，秦王政（即後來的秦始皇帝）即位。他任用尉繚、李斯等人，加緊統一的步伐，用金錢收買六國權臣，打亂六國的部署，連年發兵東征。經過多年的爭戰，從西元前二三〇年秦國滅韓至西元前二二一年滅齊，東方六國先後為秦統一。從此，中國建立起統一的、多民族的、專制主義中央集權國家。

秦的統一是春秋以來社會發展的必然趨勢。比起西周，東周時期的生產力又有新的發展，採礦、冶煉、鑄造業中出現了許多新工藝，如豎井中採用垛盤支護，使採掘深處的銅礦成為可能；硫化礦冶煉技術的出現，拓寬了銅礦資源的利用；焊接、嵌錯、鎏金和失蠟法鑄造工藝等，使中國的青銅時代進入又一個繁榮期。鐵器的出現，特別是戰國中葉以後鐵工具在農業和手工行業中逐漸普及，有力地推動了社會生產的發展。社會分工更細，各行各業的興盛，促進了商品的生產和流通，使商業活動空前活躍。新興地主階級及相應生產關係的出現，對舊有生產方式是個沉重打擊。這是生產力的一次解放。可是分封制導致割據與混戰，給社會經濟帶來很大的損失，造成人員的大量傷亡。各國之間設關立禁，也不利於社會生產的發展和文化的交流。因此，只有實現統一，才能促使社會更快地發展和進步。廣大農民、工商業者和新興地主都盼望統一。雖然統一是靠長時間戰爭實現的，人民為此付出了巨大的代價。但它畢竟換來了歷史的進步，使一種新的制度得以確立。秦始皇統一六國，在古代史上是一件大事，它對中國歷史的發展具有重大的意義。秦始皇廢除了古代的封國建藩制度，推行郡縣制，從中央到地方建立層層控制的統治體系，並採取書同文、車同軌、統一度量衡等措施，對中國的封建社會產生了極為深遠的影響。秦的統一，為中國歷史翻開了新的一頁。

第二節　時代背景與社會狀況

一、當時之時代背景

春秋開啟我國學術思想百家爭鳴之端，主要自周室東遷，王室勢力衰微，原之封建、宗法、井田隨著禮崩樂壞而不足以維繫人心。諸侯霸道興起，天下紛亂，諸侯欲取小國者，小國欲自存於大國之間者，各謀其是以自圖，加之貴族陵夷，王官流落，百家遂起矣。

孫武生逢學術發達之黃金開端，其別於諸子者，以其兵學思想對中國影響實巨，日本漢學家平山潛曾說：「夫孔子者，儒聖也；孫子者，兵聖也。天不生孔子，則斯文之統以墜；天不生孫子，則戡亂以武曷張。故後世儒者，不能外於孔子而他求；兵家不能背於孫子而別進矣」。〔註 1〕這些話可謂推崇備至了。

二、當時之社會狀況

有貴族沒落平民崛起、國君慕士、土地私有制度形成、農工商業發達、教育的普及、學術發達、戰爭方式的改觀等七項，現分述如下：

（一）貴族沒落　平民崛起

一、封建制度逐漸解體，二、貴族人數增加，世官世祿有限，三、國君用人惟才，四、國君有計劃的裁抑。這種現象自然讓有抱負的人才出人頭地，貴族不自強，怎能不沒落。

所以平民崛起原因有：一、布衣可為卿相，二、知識普及，三、工商大興，工商致富者往往受到國君禮遇或重用。春秋首開其端，逮至戰國寒微出身之將相更多。

（二）國君慕士

國君能愛慕人才，遇有危難，士確能為其冊劃效命，並以此培植勢力，藉以提高自己聲譽和國家威望，如齊桓公之鮑叔牙、管仲等，晉文公之狐偃、趙衰等，都是很好的例子。開啟了戰國時代的養士之風。

（三）土地私有制度的行成

行成之因為：春秋初期，土地為諸侯、卿大夫所有，末年，國君已有土

〔註 1〕採幼獅，民國 80 年 7 月版《孫子兵法》第 2 頁緒言中引平山潛語。

地賞賜有功戰士,亦有土地自由買賣之事。這意義代表著社會經濟一大變革。

(四)農工商業的發達

農業因經驗之累積,加上生產技術之進步,因為鐵器農具之使用,產量自然大增,養活更多人口,加之水利工程的興建,如都江堰、鄭國渠等。殷人本擅經商,工商業的發達, 促成工商自由化,農業人口自然轉移,加之交通發達,各地商品、物產亟需互通有無。春秋時即有著名工商業者如:子貢、弦高、范蠡等人;戰國有猗頓、郭縱、呂不韋等人。

(五)大都市的興起

工商業的發達,自然造成大都市的形成,當時的大都市如齊之臨淄、趙之邯鄲、魏之大梁、秦之咸陽、韓之宜陽等,都是當時著名的大都市。

(六)教育的普及

原因為:一、封建崩潰,士以知識技能在民間謀生,二、國君求才,布衣可致卿相的鼓勵,三、官學漸廢,私人講學之風大盛,四、經濟情況變動,平民有餘力求學。這些都造成教育普及,也由於教育普及之影響,使教育專業化、教育平民化、學術自由化,這使得學術也蓬勃起來。

(七)學術的發達

春秋時局動盪,也使學術多元化,史官及官書流散民間,學者紛提救世之方。加之書寫工具進步,竹帛為主,可書寫較多資料。國君權貴又有計劃的搜羅人才,經濟上工商業繁榮交通頻仍,學術上思想言論自由,教育普及等等,諸多因素,不發達也難。逮至戰國九流十家並起,真中國學術發達之光輝時代。

(八)戰爭方式的改觀

1. 小規模 ➜ 大規模
2. 青銅 ➜ 鐵器
3. 車戰 ➜ 步兵、騎兵、戰車之大規模戰爭
4. 農民徵召入伍 ➜ 全民戰爭(見附表一)
5. 軍隊編制完善 ➜ 伍、卒、旅、軍。(含馳車、革車,見附表二)
6. 專門的指揮者產生 ➜ 擁有充分的軍事知識,進而在思想、政治、經濟、文化等各方面的融合,此結果造成了兵法的誕生。

附表一

據司馬法之丘、甸之役：

九戶爲井（實際八戶爲井）→ 4×9＝36→邑

邑→ 4×36＝144→丘

丘→ 4×144＝576→甸

役　別 需求名稱	丘　役	甸　役
戶　數	144	576
馬	1	4
牛	3	12
人	18	72

附表二

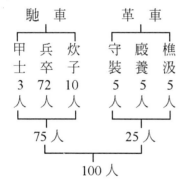

故馳車千駟 ＋ 革車千乘＝帶甲十萬

三、道德、政治、經濟、思想、教育、文化、戰爭的影響

（一）道德方面

周天子是宗法制度之中樞，爲道德力量之最高象徵。平王有弒父之嫌，不僅是道德維繫力量的崩潰，且上行下效，反而給爲惡作亂者，以有力之暗示與鼓勵。誠如孟子所言：世衰道微，邪說暴行有作，臣弒其君者有之，子弒其父者有之。反映整個宗法制度崩潰，整個社會道德淪亡。

（二）政治方面

春秋時代大致上還維持著舊有的封建制度，周王室雖然已是衰弱不堪，但是諸侯之中，仍有著人是以「尊王攘夷」爲號召，來鞏固霸主地位的，而

且各諸侯國的內部，政權是操縱在貴族手中，有些大夫階級者，雖然勢力龐大且態度蠻橫，有的甚至與公室對立，無視公室的約束，但還是沒有取而代之的情形發生。

戰國時代封建制度逐漸崩潰，王室由於武力衰敗，不再爲諸侯所尊重，諸侯國的家臣大夫等，也因勢力壯大而無視公室存在，因此相互的篡奪，不斷發生，爲了維護自己利益，相互的以武裝來鞏固權力，分封將消減自己的力量，因此中央集權並積極的擴充軍備，國君的地位大爲提高，相反的貴族權力漸漸消失，又由於人君求才若渴，「布衣卿相」時有所聞，這時平民階級抬頭，封建無能，貴族已不再能享受世襲世祿了。

（三）經濟方面

三代以來，一向都是實行什制度（夏貢、商助、周徹），雖代有變更，大體上仍是土地公平分配之方法。東周以後，土地制度逐漸崩潰，土地兼併，土地集中，富者田連阡陌，貧者無立錐之地，雖工商興起，但大體上農業仍是一般人民生活方式。土地分配不均，使許多人頓失依據，衣食交迫，徙轉四方，加之戰亂征伐，幾無寧日，暴政苛徵，蹂躪不堪，人民眞處於水深火熱之中。

春秋時代大致上仍以農業爲主，土地是以貴族所有，農賦是主要的經濟來源，雖然有工、商人，但當時被視爲末業，是不被人重視的，且大都爲貴族服務的。

戰國時代則大不相同，貴族沒落，土地在因功授田之下而轉移至平民之手，賦稅則流入至君主手中，工、商業則變成自由業，尤其商人興起，產生許多富可敵國的大商賈，他們往往可以左右一個政府。

（四）思想方面

封建、宗法、井田三制度是維繫周朝的命脈，舊制的崩潰，造成空前未有之鉅變，一般老百姓無從應付，但有心人士，志士仁人，皆奮其所思，謀求挽救之方，尤其學術流入民間，不僅有學能思之人，大爲眾多，且觀察時弊，提出救世之方，也因人而異。或對世事，加以論衡；或對問題，提出解決之方，種種見解，不一而足，於是形成種種不同的學說和思想。

（五）教育方面

春秋初期階級制度，仍然是有一定程度穩固的，士、農、工、商是世襲

的，教育是貴族的專利，平民階級是沒有機會受教育的，到了春秋末，封建制度逐漸遭破壞，王官之學流入民間，尤其首開平民之學的孔子，更加強了教育的普及化。

戰國時，人君需才孔急，平民受教育者也想一展長才，相對國君也給予優厚的報酬，因此多人對政治興趣的濃厚，更加深當時教育的普及，教育人數的增加，各家之學相繼出現，百家爭鳴，學術思想當然大爲昌盛。

（六）文化方面

春秋時代周天子所屬仍是文化的正統，當然是強勢的文化，當時秦、楚、吳、越都被視爲蠻夷之屬，從文化的角度看，周朝的文物制度，確實是當時的翹楚，四境之國自然是相繼仿傚，長期的吸收周之文化，再與本身的文化融合，自然的進化成更優良的文化。

戰國時代秦、楚相繼壯大，它們本身又征服了附近的種族，這種文化與種族不斷的融合，又以中原文化爲主的發展，造成了爾後中國文化的特色，當然對前三者政治、經濟、教育也發生重大影響。

（七）戰爭方面

春秋是盛行車戰，戰爭大都不超過一天，傷亡都非常有限，雙方的締約尚可維持相當時日，雖小國仍常被滅亡，但大國仍舊能保有社稷。

戰國時爲了兼併，或爲了自保，戰爭有了重大變革，車戰之外，加入了步兵與騎兵，戰爭空間的加大，增加了指揮者的重要，不單單是靠個人勇武即能戰勝對手的，再加上鐵兵器的出現，殺傷力大增，戰場上的兵力相對增加，死亡也相對增加，又相對的抗衡，築壘自固與堅壁清野的持久戰，使戰爭的時間延長，更增加戰爭的消耗，當然可憐的是老百姓，條約亦失去約束力，戰爭目的是消滅對方，其中第一個被滅亡的大國就是越國。從戰爭方面來講，中國的戰鬥、戰術、戰略在戰國時代，都起相當大的變化，尤其當時兵法家對後世戰爭理論，產生無與倫比的影響。

第三節　先秦儒、道、墨、法兵學思想

一、儒家兵學思想

中國儒家之思想政治，是以倫理道德爲其根本的王道仁政，《中庸・哀公

問政》孔子謂:「繼絕世,舉廢國,治亂持危,厚往而薄來」和《禮記・禮運》大同篇所載,均是王道仁政的具體表現。而此種王道仁政思想所體現的戰爭觀,厥爲義戰思想,義戰是以「弔民伐罪」的戰爭爲主的。故儒家之兵學思想,是以王道仁政爲主體的。

孔子處春秋之世,是時列國干戈,少有寧日,孔子絕不會棄軍事而不談。《孔子家語・相魯》:「哀公與齊侯會於夾谷,孔子攝相事,曰:『臣聞有文事者必有武備,有武事者必有文備』。」可知孔子重視軍備。然其之所以不答孔文子和衛靈公之問陣之事,因以治國之道,政事比軍事重要,政事不理,雖有銳甲之兵,亦無用處,故言:「軍旅之事,未之學也」、「甲兵之事,未之聞也」。且衛靈公爲無道之君,直接回答其未學也。

然其武備,並非窮兵黷武,而是以人民有充足的糧食爲前提。惟有食足兵足,則民有安全感,對於政府才有信心。「子貢問政,子曰:『足食足兵,民信之矣。』子貢曰:『必不得已而去於斯三者,何先?』曰:『去兵』。子貢曰:『必不得已而去於斯二者,何先?』曰:『去食』。自古皆有死,民無信不立。」(《論語・顏淵篇》)

對於用兵之事,孔子視之爲凶事,故於其無事之時,謹愼謀慮、教民以戰。「子之所愼:齋、戰、疾。」;又「子路曰:『子行三軍則誰與?』子曰:『暴虎馮河,死而無悔者,吾不與也。必也,臨事而懼,好謀而成者也。』」(〈述而篇〉)孔子曰:「善人教民七年,亦可以即戎矣。」「以不教民戰,是謂棄之。」(〈子路篇〉)即平時做好戰時準備,教民以作戰方法,一旦有事即可動員應戰。至若必不得已而用之,必爲伐不義之戰。「陳成子弒簡公。孔子沐浴而朝,告於哀公曰:『陳桓弒其君,請討之』」!(〈憲問篇〉)

《孟子》「統一」、「王與霸」和反戰思想。孟子生於戰國初期,列國力征,攻戰不已,而卻沒有一個國家力足以統一天下,故認爲天下「定於一」的理想絕不是武力所能達成。「孟子見梁襄王,出與人曰:『望之不似人君,就之而不見所畏焉』。卒然問曰:『天下惡乎定?』吾對曰:『定於一。』『孰能一之』?對曰:『不嗜殺人者能一之』。『孰能與之』?對曰:『天下莫不與之』」。(《孟子・梁惠王上》)孟子以爲天下必須「定於一」,而後人民方能脫離戰爭之禍,其法則爲施行仁政,仁政亦即爲王政,主張「仁者無敵」;「國君好仁,天下無敵焉」(〈離婁〉上、盡心下〉);「行仁政而王,莫之能禦也」(〈公孫丑〉上)。又謂:「以力假仁者霸,以德行仁者王。……以力服人者非心服也,力

不贍也。以德服人者中心悅而誠服也」。(〈公孫丑〉上)

　　戰國時代七雄日事攻戰，黎民陷於塗炭，欲求和平，非統一不可，欲求統一，非用兵力不可。但孟子曰：「爭地以戰，殺人盈野，爭城以戰，殺人盈野。此所謂率土而食人肉，罪不容於死。故善戰者服上刑，連諸侯者次之，辟草萊任土地者次之」。(〈離婁〉上) 又曰：「有人曰我善爲陳，我善爲戰，大罪也」。(〈盡心〉下) 是孟子反戰思想。至若必不得已而用兵，則更主張義兵，深惡痛絕那種「糜爛其民而戰」的不義戰爭。他認爲春秋時代已經談不到「義戰」，更何況在他那個時代。「春秋無義戰，彼善於此則有之矣」。(〈離婁〉上) 孔子作春秋，每論諸侯相攻，都說他們不合於義，不過，相較不義的戰爭中，仍有比較善的，但並非義戰，仍是不義。惟有「取之民悅」的「弔民」之戰 (〈梁惠王〉下)，才是仁義之師。

　　另《孟子》最具特色的國防思想，應爲：「天時、地利、人和。」曰：「天時不如地利，地利不如人和。……城非不高也，池非不深也，兵革非不堅利也，米粟非不多也，委而去之，是地利不如人和也」。(〈公孫丑〉下) 把握天時以便人民蓄養生計乃能富民富國，孟子再三強調「不違農時」，「無失其時」，「勿奪其時」(〈梁惠王〉上)。另一方面在用兵時更要掌握有利天候，及有利契機，方能克敵致勝。地利可依攻守之需要，運用地形之險易「以助長兵力」。不過以上兩者雖然重要，但都不及「人和」之關係重大。孟子更申論曰：「夫人必自侮而後人侮之；家必自毀而後人毀之；國必自伐而後人伐之」。(〈離婁〉上)

　　《荀子》仍以仁政論國防，雖無「仁者無敵」之言，但卻將其觀念，做了深入論述，曰：「凡用兵攻戰之本，在乎壹民……士民不親附，則湯武不能以必勝也。故善附民者是乃善用兵者也。故兵要，在於附民而已。……故仁人上下，百將一心，三軍同力，臣之於君也，下之於上也」。「附民」就是以民爲依歸，也就是要「愛民」、「利民」。《荀子》更進一步將行仁政之抽象意理加以具體化，提出：「禮者，治辨之極也，強國之本也，威行之道也，名之總也，王公由之，可以得天下也；不由，所以隕社稷也」。爲什麼？荀子解釋曰：「隆禮貴義者，其國治，簡禮賤義者，其國亂。治者強，亂者弱」。(以上引自《荀子·議兵》)「國無禮則不正，禮之所以正國也。」(王霸) 凡此均知《荀子》從道德層面造成國家和諧，上下一心之局面，從而鞏固國防。

　　在戰爭觀方面，《荀子》認爲「兵者，所以禁暴除害也，非爭奪也」。(〈議兵〉) 既爲義兵，則「不殺老弱，不獵禾稼，服者不禽，格者不舍，奔命者不

獲。凡誅，非誅其百姓也，誅其亂百姓者也」。（〈議兵〉）在作戰遂行方面，反對不聽將軍之令而憑個人之勇的作戰行動，曰：「聞鼓聲而進，聞金聲而退，順命爲上，有功次之。令不進而進，猶令不退而退也，其罪惟均」。此外，既戰之時，不僅主張先謀，也不排除權變。「見其可欲也，則必前後慮其可惡者；見其可利也，則必前後慮其可害者，而兼權之，孰計之，然後定其欲惡取舍，如是則常不失陷矣」。（不苟）「地來而民去，累多而功少，雖守者益，所以守者損，是以大者之所以反削也」。（王制）

總之，孔子、孟子、荀子雖各有其獨特的主張，然強調仁政立國、強國之道，實爲儒家兵學的中心思想。但由於所處時代各不相同，其所言乃有程度上之差異。孔子處春秋之世，以維護封建體制爲出發；孟子處戰國初期，封建制度早已被破壞，而變爲列強割據的局面，整個局勢演變爲統一問題，但卻無任何一國足以爲之，既無任一武力一統天下，乃力倡「以民爲貴」；荀子生長於戰國末期，秦之國力已超過於各國，而秦之地勢又便於征服山東諸侯，荀子不反對武力統一，固有理由。又儒家有言爲何而戰，論及如何而戰則少矣。

綜而言之，儒家是：「親親而仁民，仁民而愛物」。是「德治主義」、「禮治主義」。分析如下：

1. 王道政治 足食足兵

王道是以德服人，而不用霸道之以力服人。所以用博愛、仁義、和平來對抗功利、強權、武力。孔子謂：「繼絕世，舉廢國，治亂持危，厚往而薄來」。這樣諸侯悅懷，海內來服，尤其不會有強者之姿，硬是消滅別人，壯大自己，它是尊重別人，在地球上共存共榮，現今才不斷有人提出地球村之觀念，實差春秋先賢遠矣。《孟子·梁惠王上》更清楚的說出所謂王道政治，他說：

> 不違農時，穀不可勝食也；數罟不入污池，魚鱉不可勝食也；斧斤
> 以時入山林，材木不可勝用也。……養生喪死而無憾，王道之始也。
> 五畝之宅，樹之以桑，五十者可以衣帛矣；雞豚狗彘之畜，無失其
> 時，七十者可以食肉矣；百畝之田，勿奪其時，數口之家，可以無
> 饑矣；謹庠序之教，申之以孝悌之義，頒白者不負戴於道路矣。七
> 十者衣帛食肉，黎民不饑不寒，然而不王者，未之有也。

居然欲王者未言兵，其實王道政治目標是大同社會，足食之外不忘足兵，且對民有信用，孟子雖於上段未說兵事，然人民心之所屬，誠國君之最大屏

障。

　　《荀子・君道篇》引《詩經・大雅》常武篇：「王猶允塞，徐方既來」。王謀若信實，徐、淮夷皆來歸順也。主要也是以德服人，故論點爲：

>　　「上好禮義，尚賢使能，無貪利之心，則下亦將萋辭讓，致忠信，而謹於臣子矣。……故賞不用而民勸，罰不用而民服，有司不用而事治，政令不煩而俗美；……城郭不待飾而固，兵刃不待陵而勁，敵國不待服而詘，四海之民不待令而一」。

2. 重視武備　慎于兵事

　　子曰：「有文事者，必有武備」（《史記・孔子世家》）。又「善人教民七年，亦可以即戎矣」。「以不教民戰，是謂棄之」（〈子路篇〉）。孔子以六藝教人，其中「射」、「御」二件即爲重武也。孟子「設庠序以教之……序者射也」（〈滕文公〉上）。又「不教民而用之，謂之殃民」（〈告子〉下）。這些都說明儒家是重視武備的。

　　再看慎於兵事，「子所慎：齋、戰、疾」（〈述而篇〉）。再看同出〈述而篇〉：

>　　「子行三軍則誰與，暴虎馮河，死而無悔者，吾不與也。必也臨事而懼，好謀而成事者也」。

　　夫子不逞匹夫之勇，窮通禍福了然於心，故困於陳、蔡之際，未嘗有憂容，照樣絃歌不輟，其實聖人早就養成「愼於行，敏於事」的超然心胸。

3. 仁者無敵

　　子曰：志士仁人，無求生以害仁，有殺生以成仁（《論語・衛靈公》）。

　　孟子曰：地方百里而可以王，王如施仁政於民，省刑罰，薄稅斂，深耕易耨；壯者以暇日修其孝悌忠信，入以事其父兄，出以事其長上，可以制梃以撻秦楚之堅甲利兵矣！彼奪其民時，使不得耕耨，以養其父母，父母凍餓，兄弟妻子離散。彼陷溺其民，王往而征之，夫誰與王敵，故曰：仁者無敵（〈梁惠王〉上）。

　　荀子曰：仁者愛人，愛人故惡人之害之也；義者循理，循理故惡人之亂之也。彼兵者，所以禁暴除害也，非爭奪也。故仁人之兵，所存者神，所過者化，若時雨之降，莫不悅喜。（〈議兵〉）

　　這種「國君好仁，天下無敵焉」的想法，主要還是「愛民」、「保民」、「利民」、「安民」的思想，這都是進步的觀念。

4. 安內攘外

「有國有家者，不患寡而患不均，不患貧而患不安；蓋均無貧，和無寡，安無傾」(《論語‧季氏》)。

《孟子‧離婁上》有：「夫人必自侮，而後人侮之；家必自毀，而後人毀之；國必自伐，而後人伐之」。又「城郭不完，兵甲不多，非國之災也；田野不辟，貨財不聚，非國之害也；上無禮，下無學，賊民興，喪無日矣」。

《孟子‧梁惠王下》：「滕，小國也。間於齊、楚，事乎齊？事乎楚？孟子曰：是謀非吾所能及也，無已，則有一焉，鑿斯池也，築斯城也，與民守之，效死而民弗去，則是可爲也」。

上皆保民安內也，其實也明白的說出安內重於攘外，內部的團結，勝過外面的任何援助，誠應靠自己努力，方能得到別人尊敬，千萬不可以倚仗外力，待無奧援時，國非破不可！

5. 和平反侵略

《中庸》首章即有：「中也者，天下之大本，和也者，天下之達道。致中和，天地位焉，萬物育焉」。

子曰：「君子無所爭，必也射乎，揖讓而升，下而飲，其爭也君子」(論語‧八佾)。

《孟子‧梁惠王上》：「卒然問曰：天下惡乎定……不嗜殺人者能一之……如有不嗜殺人者，則天下之民，皆引領而望之矣。誠如是，民歸之，由水之就下，沛然誰能禦之」！

又曰：「善戰者服上刑，連諸侯者次之，辟草萊任土地者次之」。

中國被視爲比較愛好和平的民族，其主要觀念係出於此，當然墨家理論在此尚未述及。

6. 弔民伐罪

《孟子‧梁惠王下》：「臣弒其君可乎？曰：賊人者，謂之賊；賊義者，謂之殘，殘賊之人，謂之一夫。聞誅一夫紂矣，未聞弒君也」。

又曰：「湯一征，自葛始，天下信之。東面征而西夷怨，南面征而北狄怨，曰：奚爲后我。民望之，若大旱之望雲霓也。歸市者不止，耕者不變，誅其君而弔其民，若時雨降，民大悅」。

殘暴之人是根本不能有國的，中國固有思想是以民爲本，本固而國守，國君殘酷虐民，只要仁者登高一呼，四海皆應，民心向背，實主政者應眞正

關注的。

7. 師克在和不在眾

《孟子·公孫丑下》：天時不如地利，地利不如人和⋯⋯故曰：域民不以封疆之界，固國不以山谿之險，威天下不以兵革之利；得道者多助，失道者寡助，寡助之至，親戚叛之；多助之至，天下順之。以天下之所順，攻親戚之所叛，故君子有不戰，戰必勝矣。

所謂人和即「以民為本」，自古以此未嘗有民叛親離者，故人和為上。當紂有億萬人而有億萬心，如何統一意志？況上下貳心，戰爭一起，勝負見矣。

8. 殷憂啟聖多難興邦

《孟子·告子下》：舜發於畎畝之中，傅說舉於版築之間⋯⋯故天將降大任於斯人也，必先苦其心志⋯⋯困於心，衡於慮，而後作；徵於色，發於聲，而後喻。入則無法家拂士，出則無敵國外患者，國恆亡。然後知生於憂患，而死於安樂也。

周圍覬覦者，虎視眈眈，生於安樂如李後主者，國家若不被滅亡，怎有可能，故忘戰必危，千古不易。

二、道家兵學思想

無為而治是道家思想的中心觀念。

> 道常無為而無不為，侯王若能守之，萬物將自化。(《老子·三十七章》下同)

> 是以聖人處無為之事，行不言之教。(二章)

> 我無為而民自化，我好靜而民自正，我無事而民自富，我無欲而民自樸。(五十七章)

其實中國自古即是過著這種「無為而治」的生活，從先民歌中云：

> 日出而作，日落而息，鑿井而飲，耕田而食，帝力於我何有哉！

老子深諳此理，其實人民有一定水準時，干涉最少的政府，是最好的政府。這種生活以消極為積極。消極是方法，積極是目的理論，或許是我們真正想要的。

道家以老、莊為首，其政治思想在於「無為而治」因此在兵學思想上，亦主張「無為」。無為如何能守國，在於消極的作為上是持「不爭」和「持柔弱」；在於積極的作為上應從知足和寬容做起。但國家對於軍事武備也非因此

而棄防不備，曰：「雖有甲兵，無所陳之」，而且認為兵乃凶器，必不得已而用之。〔註2〕

　　道家思想特別與陰謀權術者合流，老子雖然持反戰態度，然其論兵之語甚多，有人或以《老子》為兵書者流，或以老學深受兵學啟發，雖未必如此，然兩者思想容易契合，實因所處之時代使然。

　　其主要無為而治。一切法自然，如大自然之無為而無不為。故其為無治主義，然消極無為，積極有為也。現分述如下：

（一）「慈故能勇」──為其基本觀念

> 我有三寶持而有之。一曰慈，二曰儉，三曰不敢為天下先。慈固能勇，儉故能廣，不敢為天下先，故能為器長。今舍慈且勇，舍儉且廣，舍後且先，死矣。夫慈，以戰則勝，以守則固。天下救之，以慈衛之。（六十七章）

《老子》所謂慈，乃守善之人，即養勇之人。非養慈愛於浩然之氣，誰能發為至剛之勇？是故我能仁民愛物，則物與我為一，是之謂慈。蓋國家對人民以慈，人民必熱愛其祖國，上慈下愛，合為一體，倘遇敵兵侵略國境，則人民將賈勇出力，並節約輸財，以我兵雄財富，猶不敢為先；反之敵恃以強，我守以謙，故能以逸待勞，以靜制動，戰則無敵天下，守則眾志成城。實若不得已而用兵，當必講求戰略戰術，以勝利為優先，故謂「以正治國，以奇用兵」（五十七章）。

　　慈即母愛也，視民如己，辛苦同之，如同孫子所云：「視卒如嬰兒，故可與之赴深谿；視卒如愛子，故可與之俱死」（〈地形篇〉）。

（二）心理戰──精神大于物質

　　道家大部份人生思想和心裡戰運用的原理，都來自「反者道之動，弱者道之用」（四十章）兩句。所謂天道循環，運行不息，可天道的運行變化到極點，卻不能因此停止；既不能停止的繼續運行，將必是由極點漸漸變成不是極點，而與原來未至極點的情勢相若。這種發展回來的運行趨勢，就是「反」。「道」之整個動態如此，為「道」所生之宇宙萬物，其運行旨趣亦是如此。

　　因為有「反者道之動」，才生出「弱者道之用」。「強」「剛」與「弱」「柔」是相對待的，但在「反者道之動」的作用中，一切強弱剛柔的對待，不過是

〔註2〕採幼獅，民國76年6月版金基洞著《中國近代兵法家軍事思想》94～95頁。

暫時分別而已，剛強者不會永遠是剛強者；抑有進者，其在正反兩面對比被取消時，剛強者因太突出、曝露，還要再受到威力摧折；柔弱者因居屈縮潛藏的地位，既有剛強者首當其衝，反倒安全無險。（二十二、七十六章）故曰：「柔弱勝剛強」（三十六章）「守柔曰強」（五十二章）；「天下之至柔，馳騁天下之至堅」（四十三章）。強弱真諦如此，惟有把握「弱」，才能獲得真正的「強」。

（三）思想戰——思想重于武器

道家「無為」學說並非純然消極，他是以消極為積極；消極是方法，積極是目的，故曰：「無為而無不為」（三十七章）。又曰：「道法自然」（二十五章），就是對「自然和諧」、「自然秩序」不加干擾，其旨趣像似自由經濟之不干擾個人發展一般。「自然和諧」、「自然秩序」既不受干擾，便自然會使萬事萬物作到好處。

此外，老子更提出「力行」（四十一章）、「圖難於易」、「為大于細」（六十三章）、「以靜制動」（三十七章）的精神，正與我現行軍事哲學思想相符。

（四）謀略戰——道術勝于強權

兵不厭詐，謀略為先，為我國自古相傳之軍事思想，老子曰：「用兵有言，吾不敢為主而為客，不敢進寸而退尺，……禍莫大于輕敵，輕敵幾喪吾寶，故抗兵相加，哀者勝矣。」（六十九章）又曰：「勇于敢，則殺，勇於不敢，則活。……天之道，不爭而善勝。」（七十三章）是講求謀略的真勇，方能勝利在握。又曰：「善為士者，不武，善戰者，不怒，善勝敵者，不與，善用人者為之下，是謂不爭之德，是謂用人之力。」（六十八章）是謂指揮若定，不為敵人所乘，且能因敵而勝。又曰：「將欲歙之，必固張之；將欲弱之，必固強之；將欲廢之，必固興之；將欲奪之，必固與之，是謂微明，柔弱勝剛強。魚不可脫於淵，國之利器，不可示於人。」（三十六章）此言軍事國防設施為國家之機密，民命所繫，不輕言暴露示人，還要示弱以驕縱敵人，使之自取滅亡。以上這些權謀的道理，固要教導吾人習得陰險手段、欺詐方法以對付敵人，同時亦是勸吾人努力向上，不可驕滿。〔註3〕

另外兵強傷民與柔弱之於用兵的觀念亦是值得一提的。

1. 兵強傷民

老子曰：「以道佐人主者，不以兵強天下，其事好還，師之所處，荊棘生

〔註 3〕採革崗，民國 68 年 11 月版魏汝霖、劉仲平著《中國軍事思想史》18～22 頁。

焉，大軍之後，必有凶年。善者果而已，果而勿矜，果而勿伐，果而勿驕，果而勿強，果而不得已，不敢以強取」（三十章）。

　　這種悲天憫人之心，看到戰爭造成的殘破景象，反省戰爭，讓好戰者有所警惕，所以他說：「善者果而已」。戰爭不是強暴別人，逞己一時之快，真正善於處理戰爭者，是「果」而已，就是達到「目的」而已，這目的不是報復，不是所過之處無不殘破，用左傳楚莊王在邲之戰，打敗晉軍時與潘黨之言來說明，即非常恰當，他雖勝，但不築武軍與建「京觀」，只向河而祭，悲憫之心令人感動。

2. 柔弱之於用兵

　　《老子》的柔弱之道即生存之道，人民保此，自然較易倖存於世上，亦即與「民本」息息相關，尤其兵強於天下的時代，更需用此以保生。

> 柔弱勝剛強（三十六章）。

> 反者道之動，弱者道之用（四十章）。

> 天下之至柔馳騁天下之至堅（四十三章）。

> 守柔曰強（五十二章）。

> 民之生也柔弱，其死也堅強。　萬物草木生也柔弱，其死也枯槁。故堅強者死之徒，柔弱者生之徒。是以兵強則不勝，木強則拱。強大處下，柔弱處上（七十六章）。

> 天下莫柔弱於水，而攻堅強者莫之能勝。以其無以易之，弱之勝強，柔之勝剛（七十八章）。

這種以柔克剛，在抗兵相加時能保全性命，真正在軍事上能發揮大用，如：

> 哀兵必勝（六十九章）

> 勇於敢則殺，勇於不敢則活（七十三章）等。

另《老子》六十九章所寫最能表明：

> 善為士者，不武；善戰者，不怒；善勝敵者，不與；善用人者為之下，是不爭之德，是謂用人之力。

三、墨家兵學思想

　　墨家以墨子後為宗，墨子較孔子晚出，生於春秋末，長於戰國初數十年，正值春秋至戰國之蛻變時期，其目睹與感受者，必特深刻。墨子以敏銳之觀

察力，理智之分辨力所倡之墨學，與儒家當時並稱顯學，其摩頂放踵之精神，是令人敬佩的。

今論墨子人格之所以偉大，亦正在其匡時救世之胸襟；而其學說之所以傳揚，亦在匡時救世而已。其所謂「對昏亂之國家，或當國家昏亂之時，應提倡尚賢尚同；對貧窮之國家，或當國家貧窮之時，應提倡節用喪葬；對熹音湛湎之國家，或當國家熹音湛湎之時，應當提倡非樂非命；對淫僻無禮之國家，或當國家淫僻無禮之時，應提倡尊天事鬼；對務奪侵凌之國家，或當國家務奪侵凌之時，應提倡兼愛非攻。」（《墨子‧魯問》下同）此不獨為墨學之總綱領，亦為匡時救世之主張與方案。至若墨子的兵學理論，今存《墨子》書五十三篇，十四篇專論軍事，其〈非攻〉、〈魯問〉、〈公輸班〉三篇說明反侵略與武裝和平之非攻主義；而〈備城門〉、〈備高臨〉、〈備梯〉、〈備水〉、〈備突〉、〈備穴〉等十一篇，均專論守禦兵法。除顯明之理論外，復具防禦戰爭之優美技術，故就實際上之價值言，墨學之精，無逾此者。

今《墨子》書中有〈非攻〉上、中、下三篇，其中將攻戰之原因、非攻之理由，以及弭止攻戰之法，均有明確指示。

墨子以為國與國所以發生攻戰，其原因有三：

一是不相愛。其言曰：「是故諸侯不相愛，則必野戰；家主不相愛，則必相篡。」（〈兼愛〉中）「當察亂何自起？起不相愛。………雖至大夫之相亂家，諸侯之相攻戰者亦然」。（〈兼愛〉上）

二是貪伐勝之名。墨子於非攻中篇說明攻戰之弊害後，則曰：「然而何為為之？曰：我貪伐勝之名。」是發動攻戰之原因，乃貪伐勝之名。無奈天下之人皆昧於侵略之為不義，故曰：「大國之君，囂然曰：吾處大國而不攻小國，吾何以為大哉？是以……以攻伐無罪之國。入其溝境，刈其禾稼，斬其樹木，殘其城廓，以抑其溝池，民之格者則勁拔之，不格者則依操而歸。……則夫好攻伐之君，不知此為不仁義，以告四鄰諸侯曰：吾攻國覆車，殺將若干人矣，其鄰國之君，亦不知此為不仁義也，又具其皮幣，發其總處，使人饗賀焉。則夫好攻伐之君，有重不知此為不仁不義也，又書之竹帛，藏之府庫」。（〈天志〉下）

三是攻戰之利。好攻戰者，既求戰勝之名，亦求攻戰之利。曰：「以攻戰之故，土地之博，至有數千里也；人徒之眾，至有數百萬人也。故當攻戰而不可非也」。（〈非攻〉中）是好攻戰者，以為攻戰一可擴大國土，二可增加人

口，此二者乃當時各諸侯國之共同願望，是以稍具規模之國家，皆不惜勞民傷財，以發動戰爭，求得本國之利。

非攻之基本理由有二：

一是為不義。墨子由「入人園圃，竊其桃李」，而至「攘人犬豕雞豚」，而至「入人欄廄，取人馬牛」，以其「虧人自利」愈多，其不仁不義滋甚，故其罪亦厚。然至大為攻國，人不知其非，反譽之謂之義，是以天下之君子，已不知義與不義之別了。實攻國為最大之不義，既為最大不義，必有最大之死罪。（〈非攻〉上）

二是為不利。墨子言攻戰不利，約分廣義與狹義兩者。就廣義而言，墨子以為天德廣被，國無大小，皆天之邑，人無幼長貴賤，皆天之臣，若有攻戰，必取天下之人，以攻天下之邑，刺殺天之民，損害天之財，故不利於天；凡攻戰之時，人民或因戰爭而死亡，或因避戰而離散，致使無人祭祀鬼神，先人失去後嗣，故不利於鬼神；凡攻戰所殺之人，其無論勞心或勞力，均利人博矣，若因攻戰而死亡，則必減少人民之利。且凡有攻戰，必損害人民賴以濟生之財，故不利於人。（〈非攻〉下）

至其狹義之攻戰不利，即專對人事而言，得歸納為四項：勞民廢事、損壞財物、傷亡人口、喪身亡國。即若發動攻戰而僥倖獲勝，有所收穫，亦未必能補償所失者。是以墨子用童子騎竹馬比喻大國攻小國，結果仍是徒勞無功。（〈耕柱〉）

墨子以為弭止攻戰之方策有五：

（一）提倡兼愛

不相愛乃攻戰根本原因之反之若人人相愛，則攻戰之禍亂必可避免。然單言愛，必有虧其所不愛而利其所愛，猶不免有攻伐篡奪之發生，故欲弭止攻戰，則應提倡「視人之國，若視其國；視人之家，若視其家；視人之身，若視其身」之兼愛。（〈兼愛〉中）此從根本上堵塞攻戰之源。

（二）講求公利

墨子之所以非攻，一則因攻為不義，一則因攻為不利，蓋墨子是以利釋義，是義即利，利即義。而此利乃天下大利，而非一國、一家或一人之利。講求公利，即講求義。若人人講求義，共謀整個天下之公利，則至不必相爭相害。國與國之間，若能彼此遵守道義，交互為利，則必不至於為己國而虧人國，為己利而損人利。

（三）注重守禦的防守主義

侵略戰爭既不可爲，則各國所講求者，自衛自存之術而已，此種主張以自衛對抗侵略，以息強大者之野心者，如近世所謂之武裝和平。墨子反對攻戰，而不反對守禦，惟有嚴密之守備，野心軍事家始無機可乘，勇敢之抵禦，始可予侵略者以痛擊。故墨子非「攻」，而不非「因自衛而抵禦侵略者之戰」，然墨子畢竟爲一和平主張者，故特重防禦。其具體的防守作戰五個條件爲：工事堅固、械彈充足、糧食豐富、精誠團結、友邦援助，曰：「我城池備，守器具，推粟足，上下相親，又得四鄰諸侯國之救，此所以持也」（備城門、雜守）；又曰：「備者國之重也，食者國之寶也，兵者國之爪也，城者所以自守也，此三者國之具也」（七患）；又曰：「是故大國之所以不攻小國者，積委多，城廓修，上下調和，是故大國不耆攻之」。（〈節葬〉下）此外，尚要勵行非樂、節葬的節約措施與增加生產，期藉以增加國防力量。

（四）援弱睦鄰

此在擴大武裝和平之範圍，使強大者立於必敗之地。其具體措施爲對貧弱之國家，協助其修築城邦，供給其衣食和幣帛，以共同抵禦大國之侵略；對待鄰國，絕不可從事攻伐，若大國不義而發動侵略戰爭，則協助小國以守爲事，如此，一則人勞我逸，易取得勝利；二則寬厚待他國，易使民心歸服；三則基於正義，援救弱小，可天下無敵。（〈非攻〉下）

（五）尊信天意

墨子告戒處大國者勿以攻伐爲事，侵略爲能，此乃違背天意。若違天意，欲以攻伐求賞譽，終不得，誅罰必至；欲以攻伐求福祿於天，福祿終不得，而禍祟必至。（〈天志〉中）

總之尚同于天。人人撤其立足點，同歸于天之絕對平等理想。這是其主要論點，故其爲天治主義。墨子弭止攻戰之方法，首倡兼愛公利，以堵塞攻戰之源；繼而主建設國防，協助弱貧，以抵抗極權之侵略；進而厚待鄰國，建立邦交，使國際間和平共處；最後以天意爲依歸，使人人善體天心，相愛相利，可謂一周詳而有系統之方策。不惟如此，墨子更以實際行動，冒生命危險，奔走於各國之間，或勸說勿不義攻戰，或派其弟子持守禦之器，爲弱小之國守城禦寇。如止楚攻宋、止齊攻魯、止魯攻鄭諸事，遂爲後世所稱羨（公輸、魯問）。若儒、墨兩家兵學思想相較，儒家非攻、義戰多限於理論，鮮少如墨家言之於實際行動也。

另外看非攻即為兼愛之另一面，非攻即今日之反侵略。站在「民本」角度來看，這「普世的愛民之心」，是令人衷心欽佩的，可惜人性或許未達此境界。

他說「計其所自勝無所可用也。計所得，反不如所喪者之多」（〈非攻〉中）。這種對侵略者的分析，讓侵略者自己可以盤算一番，這場戰爭是否值得去冒險，即所謂消耗與擄獲之間，如何取得符合自己最大利益者。當然主要還是「非攻」，不攻民才無死傷，這才是墨子真正目的。

他提倡兼愛，但殘暴敵人，如「天賊」、「土匪」者，是不在兼愛之列的。並主張盡力消滅此二者，以除大害。在非戰裡墨子重視人民幸福而唱非戰論。「殺一人，一重不義；殺十人，十重不義」（〈非攻〉上）。他認為侵略戰爭，是殘殺無罪，且殺人愈多，功勳愈大，這是不對的，且戰爭有百害，無一利，況攻天邑殺天民，更是違背上天之意，所以他說：「況戰爭以天之民，攻天之邑，殺天之民，當非天意。故聖人必不好戰爭，以國家無利，民眾受禍之故也」（〈非攻〉中）。因此人應該是相互關愛，如若愛其身、其家、其國的，這樣君臣父子皆能孝慈，天下方能大治。

非戰不託空洞之和平政策，以武力為後盾。以戰止戰，備戰言和之實際行動來讓好戰者打消意念。如止楚攻宋，公輸般為楚造雲梯攻宋，墨子行而止之（〈公輸篇〉）。又止齊攻魯中說明，用刀受其利，試者受其不祥，以刀為喻，主其事者，亦將受其災禍，蓋因果報應。殺人者必得惡果，侵略人的必步上國為虛戾，身為刑戮。又止魯攻鄭，魯陽文君將攻鄭，因鄭人三世弒其父，魯助天誅也，順乎天志。天加誅焉，使三年不全，天誅足矣。墨子用鄰人攻鄰家，取其財貨珍寶以富己，且亦書之於竹帛為功，讓魯陽文君自己思考，終消攻打之念。（〈魯問篇〉）

教育及訓練是墨子最注重的，他有全民總體作戰的觀念，注重政治與軍事之配合。男女老幼，共同備戰。這是需要教育的，墨子的軍事教育，是以犧牲為最大成果。故墨子服役百八十人，皆可使赴火蹈刃，死不旋踵，化之所致也。然墨家軍法嚴明，號令篇之法刑記載有：射、殺、斷、車裂、滅族等，可謂極嚴。若究赴湯蹈火，死不旋踵，實其因也。

四、法家兵學思想

法家思想起源於管仲，商鞅繼之為重鎮，後成熟於韓非。在中國古代兵

學思想的流變上，法家異軍突起於戰國末期，其與其他學派有顯著不同者，在於無深奧之哲學理論，而完全是爲君王作幕僚，其目的，一言以蔽之，就是富國強兵。

　　管仲的軍事思想是經濟重於政治，政治重於軍事，亦可說是廣義的國防範疇，而不是狹義的軍事觀念。他執行的軍事政策是尊王攘夷與富國強兵。其原則可分爲政略與戰略兩方面言之。在政略原則上，其一、修內先於攘外，安定重於用兵。「政成國安，以守則固，以戰則彊，封內治，百姓親，可以出征四方。」（《管子・小匡》下同）其二、富國先於強兵，富民重於富國。管仲深知民生爲政治之要件，民生之豐富，可以決定政治之安危。「民富則安鄉重家，安鄉重家則敬上畏罪，敬上畏罪則易治也；民貧則危鄉輕家，危鄉輕家則敢陵上犯禁，陵上犯禁則難治也。」（治國）「國貧而用不足，則兵弱而士不屬；兵弱而士不屬，則戰不勝而守不固；戰不勝而守不固，則國不安矣」（七法）。

　　在戰略原則上，其一、「治善不戰」（幼官圖）。乃不戰而屈人之兵的意思。其指導原則爲備戰而不求戰，間或用兵亦不濫伐。「兵雖彊，不輕侮諸侯。」（重令）「夫兵事者，危物也，不時而勝，不義而得，未爲福也。失謀而敗，國之危也。」（問）「數戰則士疲，數勝則君驕，君驕使疲民，則國危」（幼官圖）。其具體作法則有運用盟會，爭取外交戰的勝利，如管仲輔佐齊桓公伐山戎以救燕，平赤狄以救衛，及召陵之盟，責楚不把祭祀用的包茅進貢於周王室；發動商戰，贏得經濟戰的勝利（《輕重篇》）。其二、兵民合一制。管仲治齊，實行「作內政而制軍令」的政策。以鄉治爲地方政府之基石，將全國人民納入兵民合一的體制，使民生與軍事合一（牧民）。

　　商鞅繼承管仲思想，也主張「強兵」政策，認爲「國治而地廣，兵強而主尊，此治之至也」（《商君書・君臣》下同）。而且認爲強兵和國富兩者是互爲條件的，所謂「彊者必富，富者必彊」（立本）、「國富者強」（去彊）。爲達到國富兵強之目標，商鞅提出的策略是耕戰，也就是農戰。耕者，以農創造、累積財富；戰者，培養軍事力量。認爲「民之欲利者，非耕不得；避害者，非戰不免。境內之民，莫不先務耕戰，而後得其所樂。故地少粟多，民少兵彊，能行二者於境內，則霸王之道畢矣」；「耕戰二者，力本」（愼法）；「國之所以興者，農戰也」（農戰）。然而商鞅之國富的目的在充府庫，與管仲之富國富民及儒家富民思想不同。曰：「王者，國不蓄力，家不積粟。國不蓄力，

下用也；家不積粟，上藏也」（說民）。

韓非雖評商鞅、管仲之法無用，但其軍事思想仍未出商鞅獎勵農戰之強國政策，但韓非更突出法治功能。他評論商鞅、管仲、孫武、吳起，「今境內之民皆言治，藏商管之法者家有之，而國愈貧；言耕者眾，執耒者寡也。境內皆言兵者，藏孫吳之書者家有之，而兵愈弱；言戰者多，被甲者少也。」（《韓非子‧五蠹》下皆出《韓非子》）韓非認爲法是國家強大安定的根本，曰：「治強生於法，弱亂生於阿」（〈外儲說〉下）、「嚴其境內之治，明其法禁，必其賞罰；盡其地方，以多其積；致其民死，以堅其城守」（五蠹）、「明法者強，慢法者弱」（飾邪）。而以法強國者，賞與罰爲主要手段，而且要使法成爲公眾普遍共同遵守的標準，曰：「賞與罰，利器也」（〈內儲〉上）、「能去私曲，就公法者，民安而國治。能去私行，行公法者，則兵強而敵弱」（有度）。

在戰爭目的的看法上，法家也不離「義戰」論點。管仲謂「夫先王之伐也，舉之必義，用之必暴」（霸言）、「兵者，外以誅暴，內以禁邪，故兵者，尊主安國之經也」（參患）、「兵不義不可」（小問）。商鞅認爲能夠消滅戰爭的戰爭仍是「義戰」，但卻未明白說出此「義戰」之目的，此與管仲不同。「故以戰去戰，雖戰可也；以殺去殺，雖殺可也」（畫策）。韓非也無明示戰爭目的何在，僅謂：「主多怒而好用兵，簡本教而輕戰攻者，可亡也。」（亡徵）

在戰爭遂行方面，法家主張「先謀」，即謀於未兆。管仲曰：「凡攻伐之爲道，計必先定於內，然後兵出乎境」（七法）、「計未定而兵出於境，則戰自敗，攻自毀者也」（參患）。商鞅謂：「凡世主之患，用兵者不量力，治萊者不度地」（算地）事先有準備，再加量力而爲，則於未戰之前，就可以有獲勝把握。「得天下者，先自得者；能勝強敵者，先自勝者也。」（畫策）商鞅更認爲廟算是戰爭獲勝的唯一條件，甚至視指揮將領爲無足輕重，曰：「若其政出廟算者，將賢亦勝，將不如亦勝」（戰法）。韓非也主張先謀曰：「內不量力，外恃諸侯，則削國之患也」（十過）。

在作戰方法上，管仲主張「不戰而勝」曰：「用兵之計，三驚當一至，三至當一軍，三軍當一戰。」（參患）這是先使敵人心生恐懼，而後成一戰之功。若辦不到，則退而求其次。其次便是以「破大勝強」之上策，一戰而服敵，曰：「近則用實，遠則施號，力不可量，強不可度，氣不可極，德不可測，一之原也。」「破大勝強，一之至也。」（兵法）商鞅對此只提出「出敵意表」，曰：「故兵行敵之所不敢行，彊；事興敵所羞爲，利。」（弱兵）韓非則更提

出心理戰和謀略戰。「而用兵者服戰於民心，……兵戰其心者勝」（心度）這是心理戰。「今日之勝，在詐於敵，詐敵，萬世之利也」（難一），又曰：「事以微巧成，以疏拙敗」（難四），這是謀略戰。

管仲民富則國富，國富則兵強的道理，在當時有其實在的事功，無怪孔子對其讚譽有加；再證諸當代世界各先進國家，都是先發展經濟，而後致力於軍事裝備；同時爲厚植國家潛力，都採藏富於民和兵民合一的政策，亦足證管仲兵學思想之正確性。至若商鞅，以耕戰變法於秦，秦得以強，荀子稱其爲善用兵者。商鞅死後，李斯繼行其志，韓非在被秦監禁獄中也完成法家的書，闡揚法家法治的績效。總之，是法家在中國實現孔子「足食、足兵、民信之」的全國總動員的總體戰，使秦國具備了統一中國的條件。

總之憲令著於官府，賞罰必於民心。這是法家一貫信條，在法律範圍內，保有自由平等。所以它是法治主義。另外以民爲本，這是施政的重點。「夫民必得其所欲，然後聽上，聽上，然後政可善爲也」（《管子‧五輔》）。又「政之所興，在順民心；政之所廢，在逆民心。民惡憂勞，我佚樂之；民惡貧賤，我富貴之；民惡危墜，我存安之；民惡滅絕，我生育之」（《管子‧牧民》）。這是民之所好好之，民之所惡惡之，一切施政以民意爲依歸，這是標準民本主義。

注重富國強兵，安定重於用兵，富民重於富國來說，這是標準的民爲邦本，本固邦寧。商鞅重農戰，即務農事，力戰鬥，首要是增加國力，所以關地務農爲主，民富之後，國家自然就富，國富也自然能充實國防，唯走其偏鋒，「以民爲本」，不應以殺伐爲手段，畢竟肥了自己，瘦了他人，這是不對的，故富民則可，黷武則否。

強化組織訓練，亦是法家成功的原因，如管仲能作內政而寄軍令，將全國納入軌、里、連、鄉中，各鄉均有鄉官，管行政與教育，將社會組織、經濟組織、軍事組織治於一爐，政令得以貫徹，民生與軍事打成一片。國家在這種有組織有訓練的安排下，人民有隸屬有保障，國焉有不強之理。

第四節　《左傳》時代的影響

一、民本思想

春秋是中國一個大紛亂的開始，霸權更迭，人民似乎都在戰爭的陰影下渡日，掌權者又似乎靠著人民的力量方成霸業。「以民爲本」應該是沒有戰爭，

處處爲民設想的好政府，但形勢比人強，各諸侯國若不保有武力，隨時有被滅亡的危險，《左傳》作者能特別注意人對國家及戰爭的影響，透過犀利的筆觸，提高了人的價值，所以從民本思想的角度切入，看看中國人當時的思想特徵與歷史意識，發現這時中國人在思想上是進步的，在意識上是「民主」的，這都是值得我們驕傲的地方

以民本爲主，首先以《今文尚書》及《詩經》爲啓，次續《左傳》，再論《孫、吳》，將其中有關民本的觀念做一分析、比較。

（一）啟蒙典籍

1. 《尚書》

《尚書・堯典》中云：「克明俊德，以親九族；九族既睦，平章百姓；百姓昭明，協和萬邦，黎民於變時雍」。

《尚書・皋陶謨》中云：「都！在知人，在安民」。又「知人則哲，能官人；安民則惠，黎民懷之」。又「天聰明，自我民聰明；天明畏，自我民明威」等。

《尚書・堯典》中云：「汝克黜乃心，施實德於民」。又「乳無侮老成人，無弱孤有幼」。又「古我前後，罔不惟民之承」。又「式敷民德，永肩一心」等。

《尚書・多士》中云：「惟帝不畀，惟我下民秉爲，惟天明畏」。

《尚書・無逸》中云：「先知稼穡之艱難」。又「爰知小人之依，能保惠於庶民，不敢侮鰥寡」。又「徽柔懿恭，懷保小民，惠鮮鰥寡」等。

以上《今文尚書》皆周初以前之記載，民心仍是在天心之下，神權思想亦是相當濃厚。到了後三篇〈文侯之命〉、〈費誓〉、〈秦誓〉已是春秋之世，這時以人的思考爲主來講，也是較進步的。如〈費誓〉皆是從主政者的口吻說出，沒有與天相關連，全篇主政者以刑法來威嚇，說明了人治爲主的觀念，「人本」上來說，擺脫「神權」觀，是相當前進的思想。另兩篇是有關晉文公、秦穆公二人之事，同樣「神權」思想淡化，「人的思考」已然成爲主流。如〈秦誓〉中云：「昧昧我思之，如有一介臣，斷斷猗，無他技；其心休休焉，其如有容。人之有技，若己有之；人之彥聖，其心好之，不啻如自其口出，是能容之。以保我子孫黎民，亦職有利哉。人之有技，冒疾以惡之；人之彥聖，而違之俾不達，是不能容。以不能保我子孫黎民，亦曰殆哉」。這完全從

人的角度來思考治理國家，人本思想又進一大步了。

　　因為這些主政者從人的角度思考，自然考慮到佔大多數的是老百姓，民心向背，關係的是自己的存亡，「得民者昌，失民者亡」。這歷史的經驗，隨時警醒他們，所以提高人民的地位，既可鞏固他們地位，又能博得美名，何樂而不為呢？這從重視人（民）事觀念一起，自然民本思想隨之壯大了。

2. 《詩經》

　　國風依當地詩歌而采，本就是自由之創作，這自由不就民本最重要的表徵嗎？故國風任何一篇皆民本之表現。但魏風之〈伐檀〉與〈碩鼠〉皆是刺貪者與刺那些重斂的人，表面這些人不以民為本，實際就是告訴這些人要有愛民之心，不然人民將離你而去，那時真正失去人民倚靠，政權就不保了。今舉〈碩鼠〉觀之：

> 碩鼠碩鼠，無食我黍！三歲貫汝，莫我肯顧，逝將去汝，適彼樂土。
> 樂土樂土，爰得我所。
> 碩鼠碩鼠，無食我麥！三歲貫汝，莫我肯德，逝將去汝，適彼樂國。
> 樂國樂國，爰得我直。
> 碩鼠碩鼠，無食我苗！三歲貫汝，莫我肯勞，逝將去汝，適彼樂郊。
> 樂郊樂郊，誰之永號？

雅者，清廟宴饗之樂，君、民同享，民本之意自不用多言，頌者，頌揚讚美，即所謂美盛德之形容，當然功德偉績少不「保民」、「愛民」、「安民」、「利民」等等形容，各舉一例。

　　民勞（大雅）

> 民亦勞止，汔可小康。惠此中國，以綏四方。無縱詭隨，以謹無良。
> 式遏寇虐，憯不畏明。柔遠能邇，以定我王。
> 民亦勞止，汔可小休。惠此中國，以為民逑。無縱詭隨，以謹惽怓。
> 式遏寇虐，無俾民憂。無棄爾勞，以為王休。
> 民亦勞止，汔可小息。惠此京師，以綏四國。無縱詭隨，以謹罔極。
> 式遏寇虐，無俾作慝。敬慎威儀，以近有德。
> 民亦勞止，汔可小愒。惠此中國，俾民憂泄。無縱詭隨，以謹醜厲。
> 式遏寇虐，無俾正敗。戎雖小子，而式弘大。
> 民亦勞止，汔可小安。惠此中國，國無有殘。無縱詭隨，以謹繾綣。
> 式遏寇虐，無俾正反。王欲玉女，是用大諫。

桓（周頌）

綏萬邦，婁豐年，天命匪解。桓桓武王，保有厥士，于以四方，克
定厥家。於昭於天，皇以間之。

（二）《左傳》民本思想

承尚書、詩經遺風，左傳書中多有引述，如引《尚書》有文公十八年莒
紀公生大子僕該條有：

「故虞書數舜之功，曰：慎徽五典，五典克從」、「納于百揆，百揆
時序」、「賓于四門，四門穆穆」

以上，皆取自於〈堯典〉。

又哀公十一年吳將伐齊該條有：

盤庚之誥曰：其有顛越不共，則劓殄無遺育，無俾易種于茲邑。

此取自〈盤庚〉。

如引《詩經》有隱公三年宋穆公疾該條有：

商頌曰：殷受命咸宜，百祿是荷。

這是〈商頌・玄鳥〉末章末二句。

又如僖公二十八年城濮之戰該條有：

詩云：惠此中國，以綏四方。

這是〈大雅・生民之什民勞篇〉首章三四句。

今各舉二例，僅觀其意而已。現以《左傳》為主，摘錄論之。

1. 民居首　神居次

《左傳》的作者記載著天、人新的詮釋如桓公六年，季梁止隨侯追楚師
所說的話：

天方授楚，楚之羸，其誘我也。君何急焉？臣聞小之能敵大也，小
道大淫。所謂道，忠於民而信於神也。上思利民，忠也；祝史正辭，
信也。今民餒而君逞欲，祝史矯舉以祭，臣不知其可也。

夫民，神之主也，是以聖王先成民而後致力於神。故奉牲以告曰：博碩肥腯，
謂民力之普存也，謂其畜之碩大蕃滋也，謂其不疾瘯蠡也，謂其備腯咸有也；
奉盛以告曰：絜粢豐盛，謂其三時不害而民和年豐也。奉酒醴以告曰：嘉栗
旨酒，謂其上下皆有嘉德而無違心也。所謂馨香，無讒慝也。故務其三時，
修其五教，以致其禋祀，於是乎民和而神降之福，故動則有成。今民各有心，

而鬼神乏主，君雖獨豐，其何福之有？君姑修政，而親兄弟之國，庶免於難。

　　這裡季梁說出小國要與大國相抗衡，首先要做到「道」、「忠」、「信」。這三者又是與「民」為依歸，而且民和神才會降福，國家之施政才會成功，這雖提「神」這抽象的東西，但民是神之主，已經把人的思考放在神之前，這以當時論真是了不起的突破。富民保民之後，人民自然歸屬無二心，還好隨侯聽其言，後段跟著寫「隨侯懼而修政，楚不敢伐」。

　　僖公十九年，司馬子魚對宋襄公用人為犧牲，大不以為然，所作之批評，他說：

　　　　古者六畜不相為用，小事不用大牲，而況敢用人乎？祭祀以為人也，
　　　　民，神之主也，用人其誰饗之。

同樣用了「民，神之主也」。這種「先成民而後致力於神」的觀念，於其時應是相當普遍的。

2. 得民昌失民亡

（1）勞民而失民

　　得民則昌，失民則亡，民心向背是主政者成敗之指標，僖公十九年記有：

　　　　梁伯好土功，亟城而弗處。民罷而弗堪，則曰：某寇將至。乃溝公
　　　　宮，曰：秦將襲我。民懼而潰，秦遂取梁。

這種不顧人民勞苦，而且漫無目的的修築城堡，自然「民罷而弗堪」。要知安息百姓，無謂的勞役，只會讓人民反感，終至失國，故城廓溝池非以為固，愛民恤民，方是良策。

（2）供其困乏而得民

　　昭公十三年，連續記著兩事，皆與民心向背有關，先是叔弓圍費城失敗，平子發怒於費人，因此見到費人就抓起來做囚俘。魯大夫冶區夫認為這樣是不對的，因此他說：

　　　　非也。若見費人，寒者衣之，饑者食之，為之令主而共其乏困，費
　　　　來如歸，南氏亡矣，民將叛之，誰與居邑？若憚之以威，懼之以怒，
　　　　民疾而叛為之聚也，若諸侯皆然，費人無歸，不親南氏，將焉入矣！

這裡清楚看到主政者的態度，若以人溺己溺，人饑己饑之心待民，自然民歸之；反之，民叛之。

（3）怒民而失民

　　接著就記載楚靈王自縊身亡之事，其於昭公元年即位鄭國的游吉就說他

「汰侈」而「自說其事」，果眞興役征戰爲事，人民不堪其苦，民心當然背離，終至「眾怒難犯」，自縊於申亥氏之家。其爲公子之時，將聘問於鄭，未出境，聞王有疾而還，再利用「入問王疾」之便，「縊而弒之」，其本身心術不正，何能正民乎？

（4）愛民而得民

昭公三年，齊侯使晏嬰請繼室於晉中晏子與叔向之對話，其間有：

> 叔向曰：齊其何如？晏子曰：此季氏也，吾弗知，齊其爲陳氏矣。公棄其民而歸於陳氏，齊舊四量，豆、區、釜、鍾，四升爲豆，各自其四以登於釜，釜小則鍾，陳氏三量皆登一焉，鍾乃大矣。以家量貸而以公量收之，山木如市，弗加於山，魚鹽蜃蛤，弗加於海。民三其力，二入於公，而衣食其一。公聚朽蠹，而三老凍餒。國之諸市，屨賤踊貴，民人痛疾，而或燠休之，其愛之如父母，而歸之如流水，欲無獲民，將焉辟之？……叔向曰：然，雖吾公室，今亦季氏也，戎馬不駕，卿無軍行，公乘無人，卒列無長，庶民罷敝，而公室滋侈，道殣相望，而女富溢尤。民聞公命，如逃寇讎……政在家門，民無所依，君日不悛，以樂慆憂，公室之卑，其何日之有？

作者透過精彩的對話，清楚的表現「爲政在民心」，尤其刑法苛刻用「屨賤踊貴」來形容，令人怵目驚心，反之，「其愛之如父母，而歸之如流水」。明白表示出民心歸屬於誰。

（5）視民如傷福　以民土芥禍

哀公元年，吳之入楚也，使召陳懷公，懷公朝國人而問焉，其中逢滑對懷公說了一段話，內容是：臣聞國之興也，視民如傷，是其福也。其亡也，以民爲土芥，是其禍也。

（6）勤儉得民

哀公元年又記吳師在陳一事，其主要敘說也是體恤民心，夫差繼承王位，可惜無父親闔廬之勤儉愛民愛兵，作者經由子西之口，來說明父子二人統御之不同，楚之勝敗，亦由二人。其實成敗實民心之所嚮，看子西曰：二三子恤不相睦，無患吳矣。昔闔廬食不二味，居不重席，室不崇壇，器不彤鏤，宮室不觀，舟車不飾，衣服財用，擇不取費。在國，天有菑癘，親巡其孤寡而共其困乏；在軍，熟食者分而後敢食，其所嘗者卒乘與焉。勤恤其民而與之勞逸，是以民不罷勞，死不知曠，吾先大夫子常易之，所以敗我也。

今聞夫差次有臺榭陂池焉，宿有妃嬙嬪御焉，一日之行，所欲必成，玩好必從，珍異是聚，觀樂是務，視民如讎，而用之日新，夫先自敗也已，安能敗我？

以上在在都顯示「得民者昌，失民者亡」的觀念，這民本的思想在我們中國一路相傳，尤其在人類的「進步思想」中，《左傳》爲我們留下的資料，是讓我們驕傲的。

（7）利民先於利君

因爲人民對統制者的政權維持，已成爲決定性的因素，利民即利君，那些想在春秋爭雄的君主，想法也必跟上時代的脈動。看看文公十三年之記載：

> 邾文公卜遷於繹，史曰：利於民而不利於君，邾子曰：苟利於民，孤之利也。天生民而樹之君，以利之也。民既利矣，孤必與焉。左右曰：命可長也，君何弗爲？邾子曰：命在養民，死之短長，時也。民苟利矣，遷也。吉莫如之。遂遷於繹。

（8）失民則亡

對於一些統制者，背離民心，終至身敗名裂者，春秋之世大有「君」在，看魯昭公這個人，二十五年這一條，季公若之姊爲小邾夫人，其中樂祁講的一段話：

> 與之，如是魯君必出，政在季氏三世矣，魯君喪政四公矣，無民而能逞其志者，未之有也。國君是以鎮撫其民，詩曰：人之云亡，心之憂矣。魯君失民矣，焉得逞其志？

到了三十二年，十二月公疾……己未，公薨。這時魯昭公是被放逐在乾侯這地方的，故書曰：公薨於乾侯。此時作者借著史墨的話說：

> 魯君世從其失，季氏世修其勤，民忘君矣，雖死在外，其誰矜之？社稷無常奉，君臣無常位，自古以然。故詩曰：高岸爲谷，深谷爲陵。三姓之後，於今爲庶，主所知也。

魯之季孫氏從季文子至季武子至季平子，三世修其勤，遇到王室偏偏不修其政，這些耽於逸樂的國君，竟傳四世，人民要是還記得國君長得如何，那真是不可相信的，所以昭公之外逐，他又何可言？還有前所述之楚靈王，同樣背離人民，終至自縊，所以「無民而能逞其志者，未之有也」。

（三）爭霸中的民本思想

春秋時期爭霸者，皆知人民是他的後盾，民富則國富，民強則國強之理，

故成霸者亦皆「以民為本」。如楚莊王之治民是「民不疲勞，君無怨讟」。又「商工農賈，不敗其業」。吳王闔廬也如前述是「親其民，視民如子，辛苦同之」。又「民不罷勞，死不知曠」。現拿晉文公之稱霸來講，看其所記。僖公二十七年記載他是：

> 始入而教其民，二年，欲用之。子犯曰：「民未知義，未安其居」。於是乎出定襄王，入務利民，民懷生矣。將用之。子犯曰：「民未知，未宣其用」。於是乎伐原以示之信。民易資者，不求豐焉，明徵其辭。公曰：「可矣乎」？子犯曰：「民未知禮，未生其共」。於是乎大蒐以示之禮。作執秩以正其官，民聽不惑而後用之。出穀戍，釋宋圍。一戰而霸，文之教也。

晉文公真正的成功，是他對人民的教化，由教化中，不斷累積國力，所以真正成就他的是人民的力量，作者從晉文公「以民為本」的敘述中，不斷強調取威定霸不外乎「民本」二字。

戰爭的勝負主要在實力，真正的實力是人民，所謂「無民孰戰，無眾必敗」。所以安民、撫民是各諸侯國所共識的，以魯莊公十年春著名的曹劌論戰來看最是精闢：

> 齊師伐我，公將戰。曹劌請見，其鄉人劉曰：「肉食者謀之，又何間焉」？劌曰：「肉食者鄙，未能遠謀」。乃入見，問：「何以戰」？公曰：「衣食所安，弗敢專也，必以分人」。對曰：「小惠未徧，民弗從也」。公曰：「犧牲玉帛，弗敢加也，必以信」。對曰：「小信未孚，民弗福也」。公曰：「小大之獄，雖不能察，必以情」。對曰：「忠之屬也，可以一戰，戰則請從」。公與之乘，戰於長勺。

曹劌與魯莊公論戰，從頭到尾，沒見到討論軍隊數量如何，武器裝備如何，戰鬥部署如何，反而以民心是否向著國君，只要視民如手足，關心民生疾苦，民無貳心，這才是戰勝的首要考量，所以長勺之戰，弱小的魯國能打敗強大的齊國，這是以民為本的最佳寫照。

《左傳》中寫到要戰勝敵人，必須靠人民，取得他們的支持，這才成功，再看成公十六年，伸叔時勸楚司馬子反說：

> 民生厚而德正，用利而事節時順而物成。上下和睦，周旋不逆；求無不具，各知其極。故詩曰：「立我丞民，莫匪爾極」。是以神降之福，時無災害。民生敦厖，和同以聽；莫不盡力，以從上命，致死

以補其關，此戰之所由克也。

這裡看出民生富裕，百姓方願意齊心一志，來為國效死。前言闔廬之「視民如子」，夫差之「視民如仇」，真是強烈對比，因此孰以民為依歸，即得民者昌，失民者亡，左傳雖於爭霸中，還是強烈表達這種思想的。

二、戰爭的影響

（一）國之大事

古之人認為：「國之大事，在祀與戎」。《孫子》開宗明義亦云：「兵者，國之大事，死生之地，存亡之道，不可不察也」。《左傳》它不是戰爭史，可是它記載著許多戰爭史實，尤其各國想當盟主的爭霸戰爭，它非但場面壯觀，人物刻劃清楚，國與國之間的政治鬥爭劇烈，而且反省戰爭，把戰爭的道德精神提升，像《司馬法》所謂：「以仁為本，以義治之之為正。正不獲意則權。權出於戰，不出於中人」。《左傳》全書中共記錄了四百九十二起戰爭，加上《春秋經》記載，而《左傳》未記者十九起，經傳合起來就有大小戰爭五百十一起。〔註4〕

大小之戰如此之多，現主要以十四場大戰為主，並列表一觀，以窺探當時戰爭的本質，尤其看看當時主要人物的心態，其對整個戰爭的影響，及我們能否鑑往知來，有所警省。另外《左傳》於戰爭描述中，還記載了許多奇妙之計策與謀略，這也是必須提到的。

《左傳》包羅萬象，其實戰爭亦包羅萬象，現分十四次大戰、當時戰爭本質、戰勝的要素，戰爭的特徵，奇計與謀略等論之，這些對孫、吳二人都有一定的影響。

（二）十四次大戰

春秋戰爭頻頻，《左傳》中描述較詳細的大戰，如前言有十四個，這些大都是以爭取霸主為目的的，戰爭中的軍人也以職業軍人為主，這些稱為士的人，至少還有讀過一些書的知識份子，可是往往在戰爭中，他們也無法避開戰場上的殘酷，在《左傳》的描述當中，不管義正辭嚴的作戰，或苟且偷生的逃亡，這都是對戰爭的無奈，因為每場戰事都非他們而起，他們是被動的參與這些戰爭，「繻葛之戰」中竟是周天子與諸侯的戰爭，以禮法看當然大不

〔註4〕採頂淵，民國86年8月版郭丹著《左氏漫談》110頁。

敬，可是大權旁落，沒有真正強大武力為後盾的領導者，在任何時間裡要想駕馭別人，簡直就是緣木求魚，既然如此，有武力為後盾的諸侯，各個蠢蠢欲動，所以繻葛之戰只是一個開端，打破了禁忌，肆無忌憚者就陸續出現，戰爭因而無日無之。

今把十四大戰列表於後，能清楚看到時間、戰爭名稱、交戰國、主帥、起因、結局等，比較起來也較易尋索。

十四次大戰一覽表

序號	時　間	名稱	交戰國	主　帥	起　因	結　局
1	桓公五年（前707年）	繻葛之戰	周王朝鄭國	周：桓王親征。 鄭：鄭莊公。	周王奪鄭伯，鄭伯不朝，周王以諸侯伐鄭。	周王敗，鄭祝聃射王中肩。
2	莊公十年（前648）	長勺之戰	齊　國 魯　國	齊：未詳。 魯：莊公。 曹劌。	齊為公子糾之故伐魯。	魯勝，齊敗。
3	僖公十五年（前645年）	韓原之戰	秦　國 晉　國	秦：穆公。 晉：惠公。	晉饑，秦輸之粟。秦饑，晉閉之糴。晉為不義，故秦伯伐晉。	秦勝晉敗，秦獲晉惠公。
4	僖公二十二年（前638年）	泓之戰	楚　國 宋　國	楚：未詳。 宋：襄公。	宋伐鄭，楚伐宋，以救鄭。	楚勝，宋敗。宋襄公傷股而亡。
5	僖公二十八年（前632年）	城濮之戰	晉　國 楚　國	晉：郤縠將中軍，後改為先軫。 楚：令尹子玉。	楚圍宋，晉為釋宋圍而伐曹、衛，楚救曹、衛，遂與晉戰。	晉勝，楚敗。令尹子玉自殺。晉文公稱霸。
6	僖公三十三年（前627年）	殽之戰	秦　國 晉　國	秦：孟明、西乞、白乙丙。 晉：先軫。	秦軍襲鄭，晉師伏擊秦軍。	秦敗，晉勝。獲秦三帥。
7	文公十二年（前615年）	河曲之戰	秦　國 晉　國	秦：康公 晉：趙盾將中軍	秦為報文公七年，令狐之役敗於晉之仇。	晉先勝，尋轉勝為敗。
8	文公十六年（前611年）	滅庸之役	楚秦聯軍 庸國	楚：莊王 庸：未詳	庸人乘楚大饑，帥群蠻以叛，故楚伐庸。	楚滅庸。

9	宣公十二年（前 597 年）	邲之戰	晉　國 楚　國	晉：荀林父將中軍。 楚：莊王親戰，沈尹將中軍。	鄭親附晉國，故楚圍鄭，晉師救鄭。	楚勝，晉敗。楚莊王成就霸業。
10	成公二年（前 589 年）	鞌之戰	齊　國 晉　國	齊：頃公。 晉：郤克將中軍。	齊伐魯圍龍，衛侵齊，齊報復，魯、衛乞師於晉。	晉勝，齊敗。齊頃公險些被俘。
11	成公十六年（前 575 年）	鄢陵之戰	晉　國 楚　國	晉：厲公親戰，欒書將中軍。 楚：共王親戰，子反將中軍。	鄭人叛晉，晉、衛伐鄭，楚人救鄭。	楚敗，子反自殺。
12	襄公十八年（前 555 年）	平陰之役	晉率諸侯圍齊	晉：平公，荀偃。 齊：靈公。	齊伐魯之北鄙，晉率魯、宋、衛、鄭等國圍齊。	晉勝，齊敗。
13	定公四年（前 506 年）	柏舉之戰	吳　國 楚　國	吳：吳王闔廬、夫概王 楚：令尹子常、左司馬戌。	楚申公巫臣、伍員逃吳，為吳伐越。	楚敗，吳勝。吳人攻入郢都。
14	哀公十一年（前 484 年）	艾陵之戰	魯　國 齊　國	魯：哀公；吳王夫差！ 齊！國書將中軍。	春齊師伐魯，五月，魯會吳伐齊。	齊敗，魯勝。魯獲齊國書。

（本表據郭丹著左傳漫談）

（二）當時戰爭本質

1. 爭　霸

　　自春秋初期周王朝由至尊之位降落之後，爭當盟主（霸主），為列國戰爭的主要內容，《左傳》戰爭中強陵弱，大吃小的戰爭不在少數，絕大部分的戰爭都是為爭霸而起。僖公二十五年，秦穆公在韓原一戰，打敗了背信棄義的晉惠公，晉國的陰飴甥就認為是秦國能「服德懷遠，貳者畏刑，此一役也，秦可以霸」。僖公二十八年，城濮之戰，戰爭尚未開始之前，晉國的先軫，就先清楚的意識到：「報施救患，取威定霸，於是乎在矣」（僖公二十七年）。所以晉文公一戰而霸，成為後人津津樂道的話題，報施救患，其主要目的不言而諭，所以戰爭既使有冠冕堂皇的理由，主要還是為了霸主的地位，春秋中幾次的著名大戰，都是霸主爭奪戰，在那些戰爭中，勝負就是霸權消長的明顯指標。

2. 武力為中心

韓宣子之言：「兵，民之殘也，財用之蠹，小國之大災也」。明知用兵勞民傷財，但只是理想而已（襄公二十七年）。宋國的向戌，雖然努力奔走，總算是撮合召開弭兵之會，但各國依然不敢稍懈國防，所以對戰爭依然悲觀，因此各國仍然保有武力來維護自身安全。同樣在襄公二十七年，宋國子罕的一番話，非常能代表這種思想觀念。他說：「凡諸侯小國，晉、楚所以兵威之，畏而後上下慈和，慈和而後能安靖其國家，以事大國，所以存也。無威則驕，驕則亂生，亂生必滅，所以亡也。天生五材，民並用之，廢一不可，誰能去兵？兵之設久矣，所以威不軌而昭文德也。聖人以興，亂人以廢。廢興、存亡，昏明之術，皆兵之由也，而子求去之，不亦誣乎！以誣道蔽諸侯，罪莫大焉」。

大國威逼小國臣服，是靠著武力，且兵又不可以廢，還闡述一下設兵之理，它是為了使那些圖謀不軌者有所懼，並且用文教德行來感化他們的。尤其使聖人興，亂人廢，國家興亡、存廢，皆由兵來也，所以絕對不能去兵。短暫的弭兵，各國仍是積極備戰的。武力強，是戰勝的重要因素，諸侯之間仍是相互猜忌的。

3. 武德精神

雖然如孟子言：「春秋無義戰」。但人還是有反省的，戰爭不是殺人快己而已，要長治久安，武德變得重要了。在邲之戰，楚莊王打敗了晉國軍隊，也奠定他霸主的地位，他當時不聽潘黨之言來築武軍，並且也不收晉國戰死者的屍體，覆蓋土壤於其上，以成「京觀」來炫耀勝利，他還說：「夫武禁暴、戢兵、保大、定功、和眾、豐財者也。故使子孫無忘其章。今我使二國暴骨，暴矣；觀兵以威諸侯，兵不戢矣；暴而不戢，安能保大？猶有晉在，焉得定功？所違民欲猶多，民何安焉？無德而強爭諸侯，何以和眾？利人之幾，而安人之亂，以為己榮，何以豐財？武有七德，我無一焉，何以示子孫」？楚莊王明白的表達了他的想法，戰爭除了禁暴戢兵之外，還有更重要的事情，那就是他說的七德之後的五者，尤其築武軍及京觀，這是炫耀武功之外，是沒有實際作用的，最後他又說：「武非吾功也，古者明王伐不敬，取其鯨鯢而封之，以為大戮，於是乎有京觀，以懲淫慝。今罪無所，而民皆盡忠以死君命，又何以為京觀乎」？他悲憫的胸懷，把敵人都視為可敬的對手，令人感動。最後就只在黃河邊上祭祀神祇，作先君之廟，告於祖上完成了這件事，

就班師回朝了。

楚莊王在位時，雖連年征戰，在潘黨說：「克敵必示子孫，以無忘武功」。可是他立刻清楚的說：「非爾所知也，夫文，止戈為武」。窮兵黷武，並不能長保霸主之地位，在春秋中葉，人們對戰爭的本質，已經又有反省的言論出來了。

（三）戰勝的要素

1. 政治清明

《左傳》往往在戰爭中說明政治清明的國家，是戰勝的一方，如邲之戰，士會說的一段話：「德、刑、政、事、典、禮不易，不可敵也。不為是征，楚軍討鄭，怒其貳而哀其卑；叛而伐之，服而舍之，德、刑成矣；伐叛，刑也；柔服，德也。二者立矣！昔歲入陳，今茲入鄭，民不疲勞，君無怨讟，政有經矣。荊尸而舉，商農工賈，不敗其業，而卒乘輯睦，事不奸矣。蔿敖為宰，擇楚國之令典；軍行，右轅，左追蓐，前茅慮無；中權，後勁；百官象物而動，軍政不戒而備，能用典矣。其君之舉也，內姓選於親，外姓選於舊；舉不失德，賞不失勞；老有嘉惠，旅有施舍；君子小人，物有服章，貴有常尊，賤有等威，禮不逆矣。德立、刑行、政成、事時、典從、禮順，若之何敵之」？楚莊王勵精圖治了十三年，這才有邲之戰的勝利，所以政通人和是何等重要。再看昭公三十年，楚子西對吳王闔廬評價說：「吳光新得國，而親其民，視民如子，辛苦同之，將用之也」。這時楚國適得其反，所以柏舉之戰，吳軍長驅直入，一舉搗毀楚國郢都。到了兒子夫差，兩人卻大相逕庭，他是：「次有臺榭陂池焉，宿有妃嬙嬪御焉；一日之行，所欲必成，玩好必從，珍異是聚，觀樂是務；視民如仇，而用之日新」。同樣楚子西預言：「夫先自敗也已，安能敗我」。

清明相對的昏暗，交戰國只要作一比較，勝負立判，所以國君能否讓政治上軌道，只要上軌道，別國都是難圖謀的，這時分化成了第一要務，當然國君賢明，自然親賢臣，遠小人，昏君反之。再看衛懿公使鶴乘軒，玩物喪志，以至國人離心，結果狄人入侵之時，無人願意參戰，終至亡國喪生。

2. 以民為本

戰爭的勝負主要在實力，真正的實力是人民，所謂無民孰戰，無眾必敗。所以安民、撫民是各諸侯國所共識的，以莊公十年春著名的曹劌論戰來看：「齊

師伐我，公將戰。曹劌請見，其鄉人劉曰：『肉食者謀之，又何間焉』？劌曰：『肉食者鄙，未能遠謀』。乃入見，問：『何以戰』？公曰：『衣食所安，弗敢專也，必以分人』。對曰：『小惠未徧，民弗從也』。公曰：『犧牲玉帛，弗敢加也，必以信』。對曰：『小信未孚，民弗福也』。公曰：『小大之獄，雖不能察，必以情』。對曰：『忠之屬也，可以一戰，戰則請從』。公與之乘，戰於長勺」。曹劌與魯莊公論戰，從頭到尾，沒見到討論軍隊數量如何，武器裝備如何，戰鬥部署如何，反而以民心是否向著國君，只要視民如手足，關心民生疾苦，民無貳心，這才是戰勝的首要考量，所以長勺之戰，弱小的魯國能打敗強大的齊國，這是以民為本的最佳寫照。

《左傳》中寫到要戰勝敵人，必須靠人民，取得他們的支持，這才成功，再看成公十六年，伸叔時勸楚司馬子反說：「民生厚而德正，用利而事節時順而物成。上下和睦，周旋不逆；求無不具，各知其極。故《詩》曰：『立我丞民，莫匪爾極』。是以神降之福，時無災害。民生敦厖，和同以聽；莫不盡力，以從上命，致死以補其闕，此戰之所由克也」。這裡看出民生富裕，百姓方願意齊心一志，來為國效死。前言闔廬之「視民如子」，夫差之「視民如仇」，真是強烈對比，因此孰以民為依歸，即得民者昌，失民者亡，左傳是強烈表達這思想的。

3. 上下一心

《孫子》曰：「上下同欲者勝」。《左傳》在寫將士同心同德時，往往就是打勝的一方，譬如成公十三年麻隧之戰，戰前孟獻子曰：「帥乘和，師必有大功」。後果然秦師敗績，獲秦成差及不更女父。這裡就指出軍帥與乘車士，即主帥與部下，皆團結一致，戰鬥力當然強。

再看桓公十一年，楚國的鬥廉對屈瑕說：「師克在和，不在眾。商、周之不敵，君之所聞也」。因為屈瑕怕王敗績，而曰：「盍請濟師於王」。希望增援兵力，鬥廉卻很清楚的告訴他上句名言：「師克在和，不在眾」。他舉的例子，我們耳熟能詳，紂有億萬人，而有億萬心，武王只有虎賁三千，但上下一心，離心離德與同心同德相對抗，結果也是耳熟能詳的。

《左傳》上下一心，最讓人津津樂道的就是城濮之戰前一年，僖公二十七年，晉國欲成大國，由二軍作三軍，其中記載晉軍內部的謙讓和諧，傳文曰：「於是乎蒐于被廬，作三軍，謀元帥。趙衰曰：『郤縠可。臣亟聞其言矣。說禮樂而敦詩書，詩書，義之府也；德義，利之本也。夏書曰：賦納以言，

明試以功，車服以庸，君其試之』！

乃使郤縠將中軍，郤溱佐之；使狐偃將上軍，讓於狐毛而佐之；命趙衰為卿，讓於欒枝、先軫；使欒枝將下軍，先軫佐之；荀林父御戎，魏犨為右」。晉軍所營造出來一片和睦景象，所以當時圍曹救宋，拘楚宛春，而復曹、衛，最後決戰城濮，晉軍從國君到臣子將帥，皆互相討論研究戰爭，甚至於輿人也獻謀出策，上下一心可見一般了。

反觀不和之例，成公十六年，鄢陵之戰前，晉郤至謂楚人有六間：「楚有六間，不可失也。其二卿相惡；王卒以舊；鄭陳不整；蠻軍而不陳；陳不違晦；在陳而囂，合而加囂，各顧其後，莫有鬥心。舊不必良，以犯天忌。我必克之」！其所謂二卿相惡，就是將帥不和，而且是第一個提到，所以內部不團結，首先犯了作戰大忌。這是不可不慎的。

4. 有備無患

《孫子》亦曰：「以虞待不虞」。即所謂有備無患。戰爭中之「出其不意，攻其無備」，此兵家之勝，不可先傳也（孫子始計篇）。戰爭中，兩國互相偷襲，為了求勝，這是雙方都常用的手法，所以居安思危，也是左傳要強調的觀念。襄公十一年晉魏絳對晉悼公說：「書曰：『居安思危』，思則有備，有備無患。敢以此規」。成公九年冬十一月，「楚子重自陳伐莒，圍渠丘，渠丘城惡，眾潰，奔莒。戊申，楚人入渠丘，莒人囚楚公子平，楚人曰勿殺，吾歸而俘，莒人殺之。楚師圍莒，莒人亦惡，庚申莒潰，楚遂入鄆。莒無備故也」。所以《左傳》評論到說：「恃陋而不備，罪之大者也。備豫不虞，善之大者也。莒恃其陋，而不脩其城郭，浹辰之間，而楚克其三都，無備也夫」？平日本就需要防衛，況且戰爭之時，不脩城郭者當然失敗。

我們知道防患於未然，未雨綢繆，尤其春秋是一個強陵弱，眾暴寡的時代，平時不準備，戰爭又是隨即可發，為免猝不及防，隨時皆保持戰備狀態，生存機率自然比別人高。邲之戰，晉之魏錡、趙旃，為私仇而私自出師挑戰，晉士季等人告知要先作好作戰準備，他說：「備之善若二子怒楚，楚人趁我，喪師無日矣！不如備之。楚之無惡，除備而盟，何損於好；若以惡來，有備不敗。且諸侯相見，軍衛不徹，警也」。這警字寫的多精彩，果真楚軍突如其來，只有士季的部隊有防範，其他中軍、下軍皆潰不成軍。所以有戒備與無戒備，在詭譎多變的時代要注意，承平之日也要居安思危！

（四）描寫戰爭的特徵

1. 戰爭蘊釀借人剖析

我們看城濮之戰前的描寫：

> 宋人使門尹般，如晉師告急。公曰（晉文公）：「宋人告急，舍之則絕；告楚，不許。我欲戰矣，齊秦未可。若之何」？先軫曰：「使宋舍我，而賂齊、秦，藉之告楚。我執曹君，而分曹、衛之田，以賜宋人。楚愛曹、衛，必不許也。喜賂怒頑，能無戰乎」？公說。執曹伯，分曹、衛之田，以畀宋人。

> 楚子入居於申，使申叔去穀，使子玉去宋曰：「無從晉師。晉侯在外，十九年矣，而果得晉國，險阻艱難，而備嘗之矣。民之情偽，盡知之矣。天假之年，而除其害，天之所置，其可廢乎？軍志曰：『允當則歸』。又曰：『知難而退』。又曰：『有德不可敵』。此三志者，晉之謂矣」。子玉使伯棼請戰，曰：『非敢必有功也，願以間執讒慝之口』！王怒，少與之師，唯西廣、東宮與若敖之六卒，實從之。

> 子玉使宛春告於晉師，曰：「請復衛侯，而封曹臣亦釋宋之圍」。

> 子犯曰：「子玉無禮哉！君取一，臣取二！不可失矣」。先軫曰：「子與之！定人之謂禮。楚一言而丁三國，我一言而亡之，我則無禮，何以戰乎？不許楚言，是棄宋也，救而棄之，謂諸侯何！楚有三施，我有三怨，怨仇已多，將何以戰？不如私許復曹、衛以攜之，執宛春以怒楚。既戰而後圖之」。公說。乃拘宛春於衛，且私許復曹、衛，曹、衛告絕於楚。

> 子玉怒，從晉師，晉師退。軍吏曰：「以君辟臣，辱也。且楚師老矣，何故退」？子犯曰：「師直爲壯，曲爲老，豈在久乎？微楚之惠，不及此，退三舍避之，所以報也。背惠食言，以亢其讎，我曲楚直。其眾素飽，不可謂老。我退而楚還，我將何求！若其不還，君退臣犯，曲在彼矣」。退三舍。楚眾欲止，子玉不可。

這戰前曲盡詳實的描述，一方面可以觀照整個戰爭形勢，對道義、民心、敵我心態，都有知己知彼之分析；另一方面，代表作者或當時的戰爭觀與其軍事思想，對後來都留下寶貴的資料。

2. 人物個性與勝負

人物性格影響成敗，左傳深諳此理，戰爭勝負，由刻劃人物來表現，戰

場當中本來就能提供很好的氣氛來營造。看韓原之戰描寫晉惠公：

> 晉侯之入也，秦穆姬屬賈君焉，且曰：「盡納群公子」。晉侯烝於賈
> 君，又不納群公子，是以穆姬怒之。晉侯許賂中大夫，既而皆背之。
> 賂秦伯以河外列五城，東盡虢略，南及華山，内及解梁城，既而不
> 與。晉饑秦輸之粟；秦饑，晉閉之糴。故秦伯伐晉。
> ……三敗及韓，晉侯問慶鄭曰：「寇深矣，若之何」？對曰：「君實
> 深之，可若何」！公曰：「不遜」。卜右，慶鄭吉，弗使。步揚御戎，
> 家僕徒為右。乘小駟，鄭入也。慶鄭曰：「古者大事，必乘其產；生
> 其水土而知其人心，安其教訓而服習其道，唯所納之，無不如志。
> 今乘異產以從戎事，及懼而變，將與人易。亂氣狡憤，陰血周作，
> 張脈僨興，外強中乾；進退不可，周旋不能。君必悔之」！弗聽。
> 壬戌，戰於韓原。晉戎馬還濘而止。公號慶鄭，鄭曰：「愎諫違卜，
> 固敗是求，又何逃焉」？遂去之。梁由靡御韓簡，虢射為右，輅秦
> 伯，將止之。鄭以救公誤之，遂失秦伯。秦獲晉侯以歸。

這裡看到晉惠公好色、自私、貪婪、言而無信，國內棄之；對外亦是背信棄
義，《左傳》明顯勾勒出它的個性，終導至戰爭失敗，且自己被俘。

3. 描繪戰爭細膩

戰爭大場面之概述，往往要靠一系列的細節來補充說明，這種整體勾勒
與細節工筆的描繪，突破記史的局限，使之更清楚看出戰爭之全豹。看鞌之
戰的敘述：

> 六月，壬中。師至於靡笄之下。齊侯使請戰，曰：「子以君師辱於敝
> 邑，不腆敝賦，詰朝請見」。對曰：「晉與魯、衛兄弟也；來告曰：「大
> 國朝夕釋憾於敝邑之地」。寡君不忍，使群臣請於大國，無令輿師淹
> 於君地，能進不能退，君無所辱命！齊侯曰：「大夫之許，寡人之願
> 也。若其不許，亦將見也」。齊高固入晉師，桀石以投人；禽之，而
> 乘其車，繫桑本焉，以徇齊壘，曰：「欲勇者，賈余餘勇」！
> 葵酉，師陳於鞌。邴夏御齊侯，逢丑父為右。晉解張御郤克鄭丘緩為
> 右。齊侯曰：「余姑翦滅此而朝食」！不介馬而馳之。郤克傷於矢流
> 血及屨，未絕鼓音，曰：「余病矣」！張侯曰：「自始合，而矢貫余手
> 及肘；余折以御，左輪朱殷。豈敢言病！吾子忍之」。緩曰：「自始合，
> 苟有險，余必下推車。子豈識之？然子病矣」！張侯曰：「師之耳目，

在吾旗鼓，進退從之。此車，一人殿之，可以集事，若之何，其以病
敗君之大事也，擐甲執兵，固即死也，病未及死，吾子勉之」！左並
彎右援枹而鼓，馬逸不能止。師從之，齊師敗績。逐之，三周華不注。

透過這些人的對話，我們看到、聽到戰爭場上的激烈血腥，他用流血及屨、
未絕鼓音、矢貫手肘、左輪朱殷等，讓人有身歷其境之感，作者的生花妙筆，
凸顯出他對史料的蒐集，是花下很多功夫的，我們從細節的豐富，應可看出
端倪！這些一定讓人對戰爭產生警醒的。

4. 簡潔傳神

我們從前面例子，就可知作者運筆之功力。如邲之戰：「中軍、下軍爭舟，
舟中之指可掬」。看到逃走之慌亂無紀律，用「指可掬」，來形容爭舟攀沿不
得上，竟而招致手指被剁，落在舟上的斷指，居然可用雙手來捧，三個字就
能夠表現，能不說他簡潔？過來再描述：「晉之餘師不能軍，宵濟，亦終夜有
聲」。看利用夜遁，仍不知禁聲保命，嘈雜慌亂，潰不成軍的慘狀，他寫的只
有傳神二字是最好的形容。

流血及屨、未絕鼓音、矢貫手肘、左輪朱殷等，從左傳戰爭場面中，好
像信手捻來，到處都是佳作天成！這都是讓兵法家警惕的。

（五）奇計與謀略

《左傳》在描寫作戰時，記載了許多出奇致勝的奇妙計謀，歷代論論兵
者，多所稱道。明代陳禹謨著《左氏兵略》後，後來對左氏兵法研究成書的
愈來愈多，如明人宋徵璧之《左氏兵法測要》，清人李元春的《左氏兵法》，
徐經的《左氏兵法》等，這些都是從戰術上奇謀妙計加以整理分析的。如徐
經將左氏兵法歸納為：「覆軍、潛軍、宵軍、夾攻、火攻、要擊、先犯、先奪、
設僞、設陳、誤備、虛唱、敝敵、誘敵、死戰、死報、嚴令、軍政」等十八
個部分。他並且論左氏兵訣曰：「用兵之法，左氏略備，如平日則討國人而訓
之，示之信，示之禮，在軍則討軍實而申儆之。好以整，好以暇。其審敵也，
有進退之宜。其合戰也，有旗鼓之節。凡若此之類，皆兵法之常也。若夫犄
之角之，分之合之，攻其偏以擕之，待其交以孤之，贏師以張之，易行以誘
之，伐木以蓋之，蒙皋比而犯之，縶燧象以奪之，三覆以待之，未陳而薄之，
乘其凶懼而攻之，僞勝而慴之，僞敗以驕之，三分四軍以敝之，亟肆以疲之，
深壘固軍以老之，無捍採樵以餌之，罪人屬劍以誤之，見舟潛師以惑之，多

鼓鈞聲以震之，長鬣奮呼以亂之，此等皆所謂變化從心，出奇制勝者也。至於城濮曳柴而示弱，平陰以曳柴而示強，吳登山以望楚而得其眞，齊登山以望晉而得其僞，魏舒毀車爲行以克翟巫臣教吳乘車以入楚，此等或相似而相反，或相反而相濟，尤不可以一律論也。他是告訴我們左傳中戰術的變化多端，如陣而後戰，兵之常法，運用之妙，存乎一心。加之如《孫子》所言：「兵者詭道也，能而示之不能，用而示之不；近而示之遠，遠而示之近」（〈始計篇〉）。現列舉數例如後：

1. 曳柴揚塵

城濮之戰時，晉上軍狐毛故意設二旆，假裝撤退，下軍欒枝則令部下，將樹枝綁在戰車後，讓戰車奔跑起來揚起一陣塵土，故意像潰散撤退的樣子，楚軍不知是計，以爲晉軍敗陣而逃，便下令左軍追逐，晉軍見楚軍中計，立刻指揮中軍攔腰截擊楚軍，晉之上、下軍也回馬攻擊，楚軍腹背受敵，因此死傷無數。襄公十八年，平陰之役，晉軍與齊國作戰，亦用此法，當時晉軍兵力少，因此在戰車上，左爲眞人，右爲假人，同樣曳柴而奔，這次揚起的漫天塵土，讓齊軍不知虛實，居然連夜遁逃。

2. 兵不厭詐

僖公二十五年，秦晉聯軍，伐小國鄀。楚人派兵戍守鄀都密商。秦軍將自己的士兵，假冒成鄀國的俘虜，捆綁著包圍密商。晚上又假裝成和楚將盟誓和好得樣子，以迷惑鄀人，鄀人一見，心裡開始害怕，因此投降了秦軍。

3. 蒙馬嚇敵

以皋比蒙馬先犯敵陣，主要是用虎皮來驚嚇對方，以達到出奇致勝之道。莊公十年，齊、宋聯軍伐魯，魯公子偃，便以此計先犯宋人之陣，宋軍突然受此驚嚇，大敗於乘丘。齊軍一見宋師敗績，隨即退兵。城濮之戰時，晉軍胥臣亦用此計先犯陳、蔡之軍，並擊潰楚方右翼軍。

4. 燧象之陣

即是用火把繫於大象尾巴上，將其點燃之後，驅使象群奔向敵陣，其威力可想而知。定公四年，吳、楚柏舉之戰，楚將鍼尹固，即用此計以拒吳軍，可惜楚軍最後敗於吳軍。後田單所列之火牛陣，實用此之火把繫尾，並加之蒙以五彩之皮，與前之計相合爲一，更讓對方驚嚇到不知爲何物，而失去戰鬥力。

5. 塞井夷灶

即水井把它填起來，煮食炊飲的爐子把它鏟平，示決一死戰也。成公十六年，晉、楚之鄢陵之戰，戰鬥一開始，是楚軍壓著晉軍打，晉軍採范匄（丐）的「塞井夷灶陳於軍中而疏行首」之計，在營內列好陣勢以待楚軍。後之「方馬埋輪」、「破釜沉舟」，都是示「必死之決心」，準備與敵人決一死戰，無後退之心。

6. 連環計

以城濮之戰晉軍用得最精彩，首先晉軍用「舍於墓」之計，攻佔了曹國，此「勝兵先勝」。再擴大包圍楚軍的態勢，先軫又「釋宋、執曹以激怒楚國，再邀齊、秦，因其「喜賂怒頑」之計，這時楚師子玉，為破先軫之計，一言以定三國，即「復衛侯而封曹臣亦釋宋之圍」，結果先軫以「私許復曹、衛，以攜之，執宛春以怒楚」之計，這樣打破了曹、衛與楚之盟，最後讓楚軍與晉軍決戰，一計一計，你來我往，左傳中描述之心理戰，最是精彩。

7. 空城計

莊公二十八年，楚令尹子元，以車六百乘伐鄭。當眾車入自純門及逵市，鄭國縣門不發，即把門打開不關起來，並且說著楚國方言。子元感覺不太對勁，嘴裡說著：「難道鄭國有伏兵嗎」？在遲疑之際，讓諸侯有機會來救鄭國，結果楚軍連夜遁走。看來諸葛亮之空城計，原始專利權還是要讓給鄭國呢！

8. 設間用諜

前計即有間諜之用，鄭人本欲逃桐丘，諜告曰：「楚幕有烏，乃止」。間諜在春秋時期，常常被用到，再舉僖公二十四年，衛人將伐小國邢，大夫禮至建議自己與弟弟，到邢國任其官守，以為內應。所以第二年春，衛人伐邢，他兩兄弟利用巡城之時，殺了邢國的正卿、國子，輕鬆的讓衛人拿下了邢國。同樣僖公二十五年，晉文公伐原，「命裹三日之糧。原不降，命去之」。這時間諜從原地出來，告之：「原將降矣」。此皆利用間諜從事戰爭之例，左傳多有記載。

9. 先聲奪人

即先發制人，乘敵立足未穩之際，速戰速決。文公七年，秦康公送公子雍于晉，晉襄公的夫人穆嬴，日抱太子以啼於朝，曰：「先君何罪，其嗣亦何罪，舍適嗣不立，而外求君，將焉寘此」？趙盾因襄公曾屬穆嬴之子於己，加之群臣皆怕穆嬴以立太子，是天經地義的，因此與秦軍交戰。戰前，趙宣

子（盾）說：「先人有奪人之心，軍之善謀也；逐寇如追逃，軍之善政也」。
訓卒、利兵、秣馬、蓐食，潛師夜起。戊子，敗秦師于令狐，至於刳首。

　　邲之戰，晉將魏錡、趙旃夜入楚軍，晉人當時並未準備迎戰，只派軘車
接應二人，楚軍孫叔敖說：「進之！寧我薄人，無人薄我」！接著他用《軍志》
曰：「先人有奪人之心」。薄之也。晉人尚未弄清怎麼回事軍已如潮水一般湧
上來，晉軍荀林父不知所措，急令軍隊過河，造成中軍、下軍爭舟，舟中之
指可掬也！在這之中，我們見到《軍志》曰：「先人有奪人之心」。可見這也
早成為戰爭中常用之準則。

10. 敵疲我打

　　曹劌論戰中，寫的最精彩。魯莊公採了它的計策，其中云：「公將鼓之。
劌曰：『未可』。齊人三鼓。劌曰：『可矣』。齊師敗績。公將馳之。劌曰：『未
可』。下，視其轍，登軾而望之，曰：『可矣』。遂逐齊師。既克，公問其故。
對曰：『夫戰，勇氣也。一鼓作氣，再而衰三而竭。彼竭我盈，故克之。夫大
國，難測也，懼有伏焉。吾視其轍亂，望其旗靡，故逐之』。曹劌之我為弱軍，
但用了此法，竟戰勝了強齊，這也是以弱勝強很好的例子。

　　昭公十三年，闔廬向伍子胥請教伐楚的方法，伍子胥說：「楚執政眾而乖
莫適任患。若為三師以肆焉，一師至，彼必皆出。彼出則歸，楚必道敝，亟
肆以疲之，多方以誤之。既疲以三軍以繼之，必大克之」。這樣從昭王十三年
起，無歲不有吳師。弄得楚國疲於奔命，進而疲憊不堪，終至定公四年之柏
舉之戰，吳軍入郢都。

11. 伏兵誘敵

　　桓公十二年，傳文曰：「楚伐絞，軍其南門。莫敖屈瑕說：『絞小而輕，
輕則寡謀，請無扞采樵者，以誘之』。從之。絞人獲三十人，明日絞人爭出，
驅楚徒役于山中，楚人坐其北門，而覆諸山下，大敗之。為城下之盟而還」。

12. 聲東擊西

　　定公二年，桐叛楚，吳子使舒鳩氏誘楚人，曰：「以師臨我，我伐桐，為
我使之無忌」。秋楚囊瓦伐吳師于豫章。吳人見舟于豫章，而潛師于巢。冬十
月，吳軍楚師于豫章，敗之，遂圍巢，克之獲楚公子繁。這是吳人先用舒鳩
人來誘楚，讓楚人伐我，用此讓楚國以為吳人怕楚，而伐叛楚的桐人，這時
戰略上就有聲東擊西了。到了楚軍來伐，吳人又將主力偷偷地在巢這裡集結，

派部分兵力于豫章應付,終使主要目標的巢之楚公子給虜獲。

13. 死士亂敵

定公十四年,吳伐越,越子句踐禦之。陳于檇李。句踐患吳之整也,使死士再禽焉,不動,使罪人三行,屬劍于頸而辭曰:「二君有治,臣奸旗鼓,不敏於君之行前,不敢逃刑,敢歸死」。遂自剄也。師屬之目,越子因而伐之,大敗之。結果闔廬傷將指,還軍于陘時,居然死了。

《孫子》曰:「凡戰者,以正合,以奇勝。故善出奇者,無窮如天地,不竭如江河」。又曰:「戰勢不過奇正,奇正之變,不可勝窮也」。左傳卻能有實際的戰例為證,這樣把「奇」字用實際與理論結合,這點是比孫子僅有於理論,要強的地方。

清人李元春在其《左氏兵法》序中說:「左氏喜談兵敘兵事,往往委曲詳盡,使人如見其形勢計謀,故其為文不得不然。……是又安見《孫子》、《吳子》所言,非據左氏諸所述者以為藍本乎?……孫、吳所言,空言也;左氏所研,驗之於事者也。後人善用兵者,皆之其出於孫、吳,烏之其實出於左氏。因此稱左氏固兵法之祖也」。由這段話,可知他對《左傳》之推崇!

《左傳》敘事見長,所以記載了那麼多的史料,這是我們中國人的寶典,光就戰爭部分,我們看到實錄之外,那些成語典故,如城濮戰中之「知難而退」、「退避三舍」及伍子胥之「日暮途窮」、「倒行逆施」與信手捻來之「秣馬厲兵」、「枕戈待旦」、「臥薪嘗膽」、「明恥教戰」等非但充實了我們的歷史,而且豐富了我們的「語言文化」。這是值得我們驕傲的。

三、行人的影響

(一)行人之職

孔子作《春秋》,本正名,復常道也。然王紀不振久矣,亂臣賊子又何懼焉?

小國一圻,大夫千雉;爭城爭地,擁兵相虐;霸權相迭,社稷難保,因此諸侯自危,相互盟誓,所以使臣聘問,行人往來,外交辭令變成格外重要,不然有辱君命,非危及自身而已,況孫子所言:「不知諸侯之謀者,不能豫交」,又「上兵伐謀,其次伐交」。

由於戰爭是殘酷的競爭,所以諸侯之間自私自利,各懷心機。大國「借辭伐罪」,小國「捧辭求保」,因此辭令往往是相互較勁之工具,行人辭令之

好壞，不但是個人榮辱，還關係著國家興亡。因此辭令之講究，於春秋遂自成風氣了。

《左傳》襄公二十五年引孔子之言曰：「《志》有之：『言以足志，文以足言，不言，誰知其志？言之無文，行而不遠。晉爲伯，鄭入陳，非文辭不爲功。慎辭哉』」！襄公三十一年記叔向之言曰：「辭不可以已也如是夫！子產有辭，諸侯賴之」。多麼褒崇，若「一人有慶，兆民賴之」之讚。

當時行人辭令大都以說理爲主，再加上誘之以利、說之以情、知禮守法、知詩達意、以民爲本等，其或兼之或包之，不一而足。又其文勝，則詞藻華美；其質勝，則理氣充塞。因每篇各擅勝場，故不論其文質異同來分類，以下僅序年依事因其性質立題而分論之。

（二）分化敵之同盟者

僖公三十年，燭之武退秦師：

> 九月，甲午，晉侯、秦伯圍鄭，以其無禮於晉，且二於楚也。晉軍函陵，秦軍氾南。佚之狐言於鄭伯曰：「國危矣！若使燭之武見秦君，師必退」。公從之。辭曰：「臣之壯也，猶不如人；今老矣，無能爲也已。」公曰：「吾不能早用子，今急而求子，是寡人之過也。然鄭亡，子亦有不利焉！」許之。

> 夜縋而出，見秦伯曰：「秦、晉圍鄭，鄭既知亡矣。若亡鄭而有益於君，敢以煩執事。越國以鄙遠，君知其難也，焉用亡鄭以倍鄰？鄰之厚，君之薄也。若舍鄭以爲東道主，行李之往來，共其乏困，君亦無所害。且君嘗爲晉君賜矣，許君焦瑕，朝濟而夕設版焉，君之所知也。夫晉何厭之有？既東封鄭，又欲肆其西封，若不闕秦，將焉取之？闕秦以利晉，唯君圖之」。秦伯說，與鄭人盟，使杞子、逢孫、楊孫戍之，乃還。

春秋爭霸，以晉、楚之間的爭霸戰最爲激烈的，城濮之戰，奠定了晉文公的霸業，可是在晉、楚戰爭中，鄭國偏偏靠向楚國，鄭國的地理位置特殊，它與宋、陳、蔡等國都是夾在這兩大強權之中。鄭國地處今河南中部，北臨晉，南接楚，西經王室可達秦，因此對南北對峙的晉、楚，鄭國之向背可想而知。所以爭霸一起，鄭國首當其衝，偏偏鄭國自莊公之後，國勢日衰，已無實力與諸雄爭霸，變得只有在大國武力威懾下，如何尋求生存之道而已。燭之武退秦師，就是靠他的口才來說服秦國，而且是成功的。小國投機於大

國之間，怎奈鄭國押寶錯誤，當時鄭文公親楚國，且有聯合楚來攻打晉之準備，後雖鄭文公參加了踐土之盟，但已結怨於晉，城濮之戰後，晉要懲罰這些離心之國，於是晉聯合了秦來圍鄭，此其背景也。

燭之武是出色的外交家，洞悉對方的野心，因其知晉、秦雖合，但知秦國絕對不甘雌伏於西方，抓住這要害，發揮他的行人長才：析之以理、懼之以勢、誘之以利，終於免除大國蹂躪。

他一開始就說亡鄭無益，無益之因是：「越國以鄙遠」，是難以實現的目標，二以亡鄭來說，得利是晉國而非秦國，因為亡鄭倍鄰。接著說：「鄰之厚，君之薄」。讓秦穆公有思考空間，這是燭之武洞悉強權野心之高明處。接下來說不亡鄭的好處：「行李之往來，共其乏困」，又讓秦穆公好好評估一番，且說一段弦外之音，暗譏秦為晉所支使，最後加深兩國猜忌，擴大矛盾心理，說明晉國歷來背信食言，歸結晉之野心豈是鄭而已，終將要威脅到你們秦國，剴切的剖析利害，讓秦國反而與鄭人盟，而且派兵戍守東境，解決了兵燹之災。燭之武一片忠心，鄭君承認其過，故燭之武不顧「老矣」，「縋」而出城，不辱君命，令人佩服。

（三）應對以力取人者

僖公四年，「屈完如師」。先看這次外交事件的背景：

> 四年春，齊侯以諸侯之師侵蔡，蔡潰，遂伐楚。楚子使與師言曰：「君處北海，寡人處南海，唯是風馬牛不相及也。不虞君之涉吾地也，何故？」管仲對曰：「昔召康公命我先君大公，曰：『五侯九伯，女實征之，以夾輔周室』。賜我先君履，東至於海，西至於河，南至於穆陵，北至於無棣。爾貢包茅不入，王祭不共，無以縮酒，寡人是徵。昭王南征而不復，寡人是問。」對曰：「貢之不入，寡君之罪也，敢不共給。昭王之不復，君其問諸水濱」。師進，次于陘。

這時楚子不想動干戈，先派屈完來用外交手段談判，屈完是出色的外交家，看看《左傳》記載他的言語：

> 齊侯陳諸侯之師。屈完乘而觀之。齊侯曰：「豈不穀是為，先君之好是繼，與不穀同好如何」。對曰：「君惠徼福於敝邑之社稷，辱收寡君，寡君之願也」。齊侯曰：「以此眾戰，誰能禦之，以此攻城，何城不克」？對曰：「君若以德綏諸侯，誰敢不服，君若以力，楚國方城以為城，漢水以為池，雖眾，無所用之」。屈完及諸侯盟。

多麼精彩的對話，雖處以力服人爲外在條件的時代，但傳統以德服人的內衣，緊緊的裹住，既想得到，又怕落人口實受到傷害，當然，或許誠如屈完之言：「德綏諸侯」爲當時主流思想。齊桓公九合諸侯，不以兵車，誠可乎？在此管仲夾著「尊王攘夷」之姿，似乎其所言擲地有聲，但屈完論理之際，未聞管仲之聲，作者於此已經明顯判定屈完詞高一著。

（四）以小對大者

僖公二十六年，夏，記有「展喜犒師」。

夏，齊孝公伐我北鄙，衛人伐齊，洮之盟故也。公使展喜犒師，使受命於展禽，齊侯未入竟，展喜從之，曰：「寡君聞君，親舉玉趾，將辱於敝邑，使下臣犒執事」。齊侯曰：「魯人恐乎」？對曰：「小人恐矣，君子則否」。齊侯曰：「室如縣罄，野無青草，何恃而不恐？」對曰：「恃先王之命，昔周公大公股肱周室，夾輔成王，成王勞之，而賜之盟，曰：『世世子孫，無相害也』。載在盟府，大師執之。桓公是以糾合諸侯」謀其不協，彌縫其闕，而匡救其災，昭舊職也。及君即位，諸侯之望，曰：「其率桓之功」。我鄙邑用不敢保聚，曰：「豈其嗣九年而棄命廢職，其若先君何？君必不然，恃此以不恐」。齊侯乃還。

展喜無懼大國的言語威逼，很清楚的說明君子「有恃無恐」，只要站在眞理的一方，是「有理走遍天下」，坦蕩的面對齊國，這樣反而會贏得齊國尊敬。當然弱國無外交，但不能連國格也蕩然無存，那立國根本失去了，在春秋之世是更容易被消滅的。我認爲最主要一個出色的外交家，一定能透析對方的底線，絕不會把話講死，到時毫無轉環餘地，尤其將問題丟還對方，讓對方去決定好壞，自己陳述理由之際，在不經意之下來誇讚對方，這是小國與大國談判的不二法門。

（五）應對無禮自大者

宣公三年，「定王使王孫滿勞楚子」。

楚子伐陸渾之戎，遂至於雒，觀兵于周疆。定王使王孫滿勞楚子，楚子問鼎之大小輕重焉。對曰：「在德不在鼎。昔夏之方有德也，遠方圖物，貢金九牧，鑄鼎象物，百物而爲之備，使民知神姦。故民入川澤山林，不逢不若，魑魅罔兩，莫能逢之！用能協於上下，以承天休，桀有昏德，鼎遷於商，載祀六百。商紂暴虐，鼎遷於周。德之休明，雖小猶重；其姦回昏亂，雖大輕也。天祚明德，有所底止。成王定鼎於郟鄏，卜世三十，卜年七百，天所命

也。周德雖衰，天命未改，鼎之輕重，未可問也」！

天子式微，還好王官知書達理，應對得體，至少在外交上站穩立場，不然面對稱「楚子」的楚國，若再失去天子應有的禮儀，那真是情何以堪。王孫滿一開始就「破題」，明白說出要「問鼎諸侯」，是「在德不在鼎」。左傳行人之辭，皆犀利剔透，說理啟、承、轉、合迭宕有致，此篇由問鼎之輕重而始，承、轉之後，復歸於鼎之輕重。誠綏靖以德，陳兵示強，非天所命，故鼎之輕重，問亦何用。

晉、楚相爭時，夾在兩霸主之間的鄭國，幸運的出了個子產，《左傳》記載了他許多精彩的對答，看到好的外交家是如何「以小事大」的。

（六）小國夾於大國者

襄公二十二年，夏。

晉人徵朝於鄭，鄭人使少正公孫僑（即子產）對曰：「在晉先君悼公九年，我寡君於是即位，即位八月，而我先大夫子駟從寡君以朝執事，執事不禮於寡君，寡君懼。因是行也，我二年六月朝於楚，晉是以有戲之役。楚人猶競，而申禮於敝邑，敝邑欲從執事而懼為大尤，曰：『晉其謂我不共有禮』。是以不敢攜貳於楚。我四年三月，先大夫子蟜又從寡君以觀釁於楚，晉於是乎有蕭魚之役，謂我鄙邑邇在晉國，譬諸草木，吾臭味也，而何敢差池。楚亦不競，寡君盡其土實，重之以宗器，以受齊盟，遂帥群臣于執事，以會歲終，貳於楚者子侯石孟，歸而討之。溴梁之明年，子蟜老矣，公孫夏從寡君以朝於君，見於嘗酎，與執燔焉。間二年，聞君將靖東夏，四月又朝以聽事期，不朝之間，無歲不聘，無役不從，以大國政令無常，國家罷病，不虞荐至，無日不惕，豈敢忘職？大國若安定之，其朝夕在庭，何辱命焉？若不恤其患，而以為口實，其無乃不堪任命，而翦為仇讎，敝邑是懼，其敢忘君命，委諸執事，執事實重圖之」！

此為子產初上政治舞台之作，詞藻之間已見行人長才，初試啼聲即一鳴驚人，他把小國夾在大國之間的難為，很明白的說出來，軟中稍帶一些硬，不要讓別人看做「懦弱不堪」，大家都可為所欲為來蹂躪。國與國交往，仍需尊重國格的。

（七）應對為政重稅者

襄公二十四年，范宣子為政，諸侯之幣重，鄭人病之。

二月，鄭伯如晉，子產寓書於子西以告宣子曰：「子爲晉國，四鄰諸侯不聞令德，而聞重幣，僑也惑之。僑聞君子長國家者，非無賄之患，而無令名之難。夫諸侯之賄聚於公室，則諸侯貳，若吾子賴之，則晉國貳。諸侯貳則晉國壞，晉國貳則子之家壞，何沒沒也？將焉用賄？夫令名，德之輿也，德，國家之基也。有基無壞，無亦事務乎？有德則樂，樂則能久。詩云：『樂只君子，邦家之基』。有令德也夫？『上帝臨女，無貳爾心』。有令名也乎？恕思以明德，則令名載而行之，是以遠至邇安。勿寧使人謂子，子實生我，而謂子浚我以生乎？象有齒以焚其身，賄也」。宣子說，乃輕幣。

這次子產用若怎樣則怎樣的推論方法，勸說范宣子不要重幣，因爲照其理推之，施者必反受其害。其實「諸侯貳則晉國壞，晉國貳則子之家壞」。這已是三段論法的模式了，尤其以此法論說一事，很快就可以得到結果，所以范宣子馬上就「輕幣」了。

（八）應對強詞逼人者

襄公二十五年，鄭伐陳後。

子產獻捷於晉，戎服將事。晉人問陳之罪。對曰：「昔虞閼父爲周陶正，以服事我先王，我先王賴其利器用也，與其神明之後也，庸以元女大姬配胡公，而封諸陳，以備三恪，則我周之自出，至於今是賴。桓公之亂，蔡人欲立其出，我先君莊公奉五父而立之，蔡人殺之，我又與蔡人奉戴厲公，至於莊、宣皆我之自立。夏氏之亂，成公播蕩，又我之自入，君所知也。今陳忘周之大德，蔑我大惠，棄我姻親，介恃楚眾，以憑陵我鄙邑，不可億逞，我是以有往年之告。未獲成命，則有我東門之役，當陳隧者，井堙木刊，鄙邑大懼不競，而恥大姬，天誘其衷，啓鄙邑之心，陳知其罪，授手於我，用敢獻功」。晉人曰：「何故侵小」？對曰：「先王之命，唯罪所在，各致其辟，且昔天子之地一圻，列國一同，自是以衰，今大國多數圻矣，若無侵小，何以至焉」？晉人曰：「何故戎服」？對曰：「我先君武莊爲平桓卿士，城濮之役，文公布命曰『各復舊職』。命我文公戎服輔王，以授楚捷，不敢廢王命故也」。士莊伯不能詰，復於趙文子。文子曰：「其辭順，犯順不祥」。乃受之。……仲尼曰：《志》有之：『言以足志，文以足言，不言，誰知其志？言之無文，行而不遠』。晉爲伯，鄭入陳，非文辭不爲功，愼辭也」。

晉人三問，子產三答，要是心中沒有翰墨，如何回答的如此犀利，尤其晉人問：「何以侵小」？子產說：「若無侵小，何以至焉」？以其人之道，還

治其人，其實也道出那時期大國之貪婪，小國之無奈，但出色的外交官，不亢不卑，以理服人，雖大國亦忌憚以力服人之「名不正，言不順」，所以作者用孔子的一段「引古人說」，來增色子產辭令之功。

（九）對付跋扈無禮者

襄公三十一年

公薨之月，子產相鄭伯以如晉，晉侯以我喪故，未之見也。子產使盡壞其館之垣，而納車馬焉。士文伯讓之曰：「敝邑以政刑之不修，寇盜充斥，無若諸侯之屬，辱在寡君者何」？是以令吏人完客所館，高其閈閎，厚其牆垣，以無憂客使。今吾子壞之，雖從者能戒，其若異客何？以敝邑之為盟主，繕完葺牆，以待賓客，若皆毀之，其何以共命？寡君使匄請命」。

對曰：「以敝邑褊小，介於大國，誅求無時，是以不敢寧居，悉索敝賦以來會時事。逢執事之不問，而未得見，又不獲聞命，未知見時，不敢輸幣，亦不敢暴露。其輸之，則君之府實也，非薦陳之，不敢輸也。其暴露之，則恐燥濕之不時，而朽蠹以重敝邑之罪。僑聞文公之為盟主也，宮室卑庳，無觀臺榭以崇大諸侯之館。館如公寢，庫廄繕修，司空以時平易道路，圬人以時塓館公室，諸侯賓至，甸設庭燎，僕人巡宮，車馬有所，賓從有代，巾車脂轄，隸人牧圉，各瞻其事，百官之屬，各展其物，公不留賓，而亦無廢事，憂樂同之。事則巡之，教其不知，而恤其不足，賓至如歸，無寧災患，不畏寇盜而亦不患燥濕。今銅鞮之宮數里，而諸侯舍於隸人，門不容車，而不可踰越，盜賊公行，而夭厲不戒，賓見無時，命不可知。若又勿壞，是無所藏幣以重罪也，敢請執事將何以命之。雖君之有魯喪，亦敝邑之憂也。若獲薦幣，修垣而行，君之惠也，敢憚勤勞」。

文伯復命，趙文子曰：「信，我實不德，而以隸人之垣以贏諸侯，是吾罪也」。使士文伯謝不敏焉。晉侯見鄭伯有加禮，厚其宴好而歸之，乃築諸侯之館。叔向曰：「辭之不可以已也如是夫！子產有辭，諸侯賴之，若之何其釋辭也」。詩曰：『辭之輯矣，民之協矣；辭之繹矣，民之莫矣』。其知之矣。

這段話可以看出春秋之時，霸主的囂張跋扈，居然已經可以向小國納貢，這種無奈的壓榨下，小國是無力反抗的，看子產說的多悲哀，我是向你納幣而來，晉國用魯喪為名，拒見鄭伯，這是多麼蠻橫無理、狂妄自大的心態，子產忍無可忍，強行拆了晉國迎賓之館，明知晉國一定會詰難，但子產出色的行人辭令，用對比的手法，一氣呵成，讓晉國連回答的時間都沒有，所以

晉國無辯駁之地，簡直毫無招架之力。其間精彩的說出晉文公爲霸主時，卑宮室，崇諸侯之館，賓客未至，前置作業早已完成，來聘問之使節，皆有賓至如歸之感，而晉平公是崇宮室，來聘者「舍於隸人之館」，且還盜賊公行，安全保護也沒有，這也將士文伯所謂：「高其閈閎，厚其牆垣，以無憂客使」的謊話拆穿。最後子產說出：「若獲薦幣，修垣而行，君之惠也，敢憚勤勞」。多麼得體的話，完全不失外交官之風度，也完成了使臣應盡之禮，主要鄭伯被約見了，晉侯有加禮，並厚其宴好而歸之。結尾作者再借叔向之口，讚揚子產辭令之風采，褒揚備至的說：「子產有辭，諸侯賴之」。

（十）和戎有利者

襄公四年魏絳對晉悼公論和戎，因晉悼公認爲：

> 「狄戎無親而貪，不如伐之」。魏絳曰：「諸侯新服，陳新來和，將
> 觀於我。我德則睦，否則攜貳，勞師於戎，而楚伐陳，必弗能救，
> 是棄陳也，諸華必叛。戎禽獸也，獲戎失華，無乃不可乎」？

接著他又舉有窮后羿之事爲題，歷數后羿不理朝政而敗亡於田獵，寒浞讒媚詐慝之人，害死后羿還取其妻室，敗德傷行終至亡國，其間敘及少康中興之事，最後用辛甲之箴爲警，言好田之害，因其時悼公就是喜好打獵，魏絳因此警惕悼公要以國家爲重，不可耽於逸樂。接著說和戎之五利：

> 「戎狄荐居，貴貨易土，土可賈焉，一也。邊鄙不聳，民狎其野，穡人
> 成功，二也。戎狄事晉，四鄰振動，諸侯威懷，三也。以德綏戎，師徒不勤，
> 甲兵不頓，四也。鑑於后羿，而用德度，遠至邇安，五也。君其圖之。」

果眞打動晉悼公，讓魏絳出使諸戎爲盟，且悼公果能修民事，田以時。這裡雖沒說明魏絳出使之詞，但在與悼公之對談中，我們就知道他口才好，能分析事理，不然如前言戎狄之性貪而不講關係及情面，要達成使節之命，可能不是那麼簡單的。

（十一）答詩樂之意者

襄公四年。

穆叔如晉，報知武子之聘也。晉侯享之，金奏肆夏之三，不拜；工歌文王之三，又不拜；歌鹿鳴之三，三拜。韓獻子使行人子員問之曰：「子以君命辱於鄙邑，先君之禮藉之以樂，以辱吾子，吾子舍其大而重拜其細，敢問何禮也」？對曰：「三夏，天子所以享元侯也，使臣弗敢與聞；文王，兩君相見

之樂也，臣不敢及；鹿鳴，君所以嘉寡君也，敢不拜嘉；四牡，君所以勞使臣也，敢不重拜；皇皇者華，君教使臣曰：『必諮於周』。臣聞之：訪問於善爲咨，咨親爲詢，咨禮爲度，咨事爲諏，咨難爲謀，臣獲五善，敢不重拜」！

這與僖公二十三年重耳流亡在秦時，趙衰知詩所賦之意，請公子拜賜，其記爲：「公子賦河水，公賦六月，趙衰曰：『重耳拜賜』。公子拜稽首，公降一級而辭焉。衰曰：『君稱所以佐天子者命重耳，重耳敢不拜』」？同樣不知《詩》，趙衰則無以言。

行人知詩知樂以達於禮。孔子：「誦詩三百，授之以政，不達，使於四方，不能專對，雖多奚爲」！

「肆夏」之三未見之書，「文王」之三，《詩經·大雅》有〈文王之什〉，然依可考之〈鹿鳴之什〉排列，應非此「文王」。僅〈文王之什〉之末〈文王有聲〉該篇有文、武兩王之述，或有「兩君」之義。《詩經·小雅》〈鹿鳴之什〉其前三篇如穆叔之言排列，且其所言如《詩序》之義。然非考《詩序》也。故僅於此知《詩》雅言也。若聘問之臣，不知《詩》，誠不知「專對」。

（十二）開戰國策士之風者

成公十三年之呂相絕秦，開啓了戰國策士滔滔雄辯、縱橫捭闔之風。

夏，四月，戊午。晉侯使呂相絕秦曰：「昔逮我獻公及穆公相好，戮力同心，申之以盟誓重之以婚姻。天禍晉國，文公如齊，惠公如秦。無祿，獻公即世，穆公不忘舊德，俾我惠公用能奉祀於晉，又不能成大勳，而爲韓之師；亦悔於厥心，用集我文公，是穆之成也。文公躬擐甲冑，跋履山川，逾越險阻，征東之諸侯，虞、夏、商、周之胤而朝諸秦，則亦既報舊德矣。鄭人怒君之疆場，我文公率諸侯及秦圍鄭。秦大夫不詢於我寡君，擅及鄭盟。諸侯疾之，將致命於秦。文公恐懼，綏靖諸侯，秦師克還無害。則是我有大造於西也。

無祿，文公即世，穆爲不吊，蔑死我君，寡我襄公，迭我殽地，奸絕我好，伐我保城，殄滅我費、滑，離散我兄弟，撓亂我同盟，傾覆我國家。我襄公未忘君之舊勳，而懼社稷之隕，是以有殽之師，猶願赦罪於穆公。穆公弗聽，而即楚謀我。天誘其衷，成王隕命，穆公是以不克逞志於我。穆、襄即世，康、靈即位。康公，我之自出，又欲闕剪我公室，傾覆我社稷，帥我螫賊，以來蕩搖我邊疆。我是以有令狐之役。康猶不悛，入我河曲，伐我涑川，俘我王官，翦我羈馬，我是以有河曲之戰。東道之不通，則是康公絕我好也。

及君之嗣也，我君景公引領西望曰：庶撫我乎！君亦不惠稱盟，利吾有狄難，入我河縣，焚我箕、郜，芟夷我農功，虔劉我邊陲。我是以有輔氏之聚。君亦悔禍之延，而欲徼福於先君獻、穆，使伯車來命我景公曰：吾與女同好棄惡，修復舊德，以追念前勳。言誓未就，景公即世。我寡君是以有令狐之會。君又不祥，背棄盟誓。白狄及君同州，君之仇讎，而我婚姻也。君來賜命曰：吾與女伐狄。寡君不敢顧婚姻，畏君之威而受命於吏。君有二心於狄，曰：晉將伐女。狄應且憎，是用告我。楚人惡君之二三其德也，亦來告我曰：秦背令狐之盟而來求盟於我，昭告昊天上帝、秦三公、楚三王曰：余雖與晉出入，余為利是視。不穀惡其無成德，是用宣之以懲不壹。諸侯備聞此言，斯是用痛心疾首，暱就寡人。寡人帥以聽命，惟好是求。君若惠顧諸侯，矜哀寡人而賜之盟，則寡人之願也；其承寧諸侯以退，豈敢徼亂？君若不施大惠，寡人不佞，其不能以諸侯退矣。敢盡布之執事，俾執事實圖利之。

這是一篇很好的聲討檄文，先前成公十一年秦、晉談和，《左傳》記載如下：「秦、晉為成，將會於令狐，晉侯先至焉，秦伯不肯涉河，次於王城，使史顆盟晉侯于河東。晉郤　盟秦伯于河西。范文子曰：『是盟也何益？齊盟所以質信也，會所信之始也。始之不從，其何質乎』？秦伯歸而背晉成。

秦之背信而召了狄與楚，欲引導他們一起攻晉，終至麻隧一戰，秦師敗績。呂相的這篇聯盟聲討的外交檄文，找到了理直氣壯師出有名的理由，首先他歷數秦穆公的四大罪狀，用歷史來說明秦國素來對晉國皆有野心，所以背信棄義。再說秦康公兩罪狀，目的都是告訴大家秦桓公今日之行有其歷史淵源，至於與秦絕交，這是歷史的必然性，不是晉國衝動所造成的。接著直接說秦桓公近年背盟之罪，一為趁狄難，入晉河縣，焚晉之箕、郜二地；二是挑唆狄人伐晉，慫恿楚人攻晉。這些新仇舊恨，晉國非與秦絕交了，當然君子絕交不出惡言，所以結尾說的最漂亮：「寡人帥以聽命，惟好是求。君若惠顧諸侯，矜哀寡人而賜之盟，則寡人之願也；其承寧諸侯以退，豈敢徼亂？君若不施大惠，寡人不佞，其不能以諸侯退矣。敢盡布之執事，俾執事實圖利之」。

明知與秦盟誓是「信不由衷」。但還說哀憐我，賜我盟約是我得心願，可說自己也是「信不由衷」，真是極盡口舌之能事，尤其檄文中多處誇大其辭，如：「迭我殽地」；「成王隕命，穆公是以不克逞志於我」；「以來蕩搖我邊疆」等。又用不實之論，如：「鄭人怒君之疆場」；「伐我保城」；「秦桓公既與晉屬

公爲令狐之盟，而又召狄與楚欲道以伐晉。諸侯是以睦於晉」。（此三條杜預說是晉誣秦之辭）

（十三）對付裡應外合者

僖公三十三年。

鄭皇武子之辭客館，之前有鄭商人弦高，他愛國之表現，讓鄭國有備焉，而且鄭穆公乘機叫人去秦國的使節館觀察，果然發現他們「束載厲兵秣馬」，一副就是裡應外合的樣子。於是穆公叫皇武子去「點明」他們，其詞曰：

> 「吾子淹久於鄙邑，唯是，脯資餼牽竭矣，爲吾子之將行也，鄭之有原圃，猶秦之有具囿也，吾子取麋鹿以閒鄙邑，若何」？

結果客館中之杞子、逢孫、揚孫三人之事跡敗露，便逃跑了。秦軍主帥孟明也說：「鄭有備矣，不可冀也，攻之不克，圍之不繼，吾其還也」。

（十四）其 他

前略舉大要，因行人之辭令包羅萬象，雖以退師、盟誓爲主要，但理由因事而異，細分實不易，故如前所言，立大要而已，然其未列者何其多也。今再略舉如下：

說禮者

「僖公十三年，齊國莊子來聘」此條有「國子唯政，齊猶有禮，……服於有禮，社稷之謂也」。又「成公十二年，晉郤至如楚聘」此條有「君不忘先君之好，施及下臣，貺之以大禮，重之以備樂，……諸侯間與天子之事，則相朝也，於是乎有享宴之禮。……政以禮成，民事以息」。

不敬者

「成公十三年，晉侯使郤錡來乞師」此條有「將事不敬。孟獻子曰：『郤氏其亡乎！禮身之幹也，敬身之基也』。又「成公十三年，三月，公如京師」此條有「成子受 于社不敬……是故君子勤禮，小人盡力……國之大事在祀與戎，祀有執膰，戎有受 ，神之大節也。今成子惰，棄其命矣，其不反乎」？

爭田者

「成公十一年，晉郤至與周爭鄇田」。王命劉康公與單襄公訟諸晉，陳、單二子數說鄇田之來歷，終使晉侯不敢爭。

求助者

「襄公四年，冬，公如晉聽政」此條有「以寡君之密邇於仇讎，而願固

事君，無失官命……鄙邑褊小，闕而爲罪，寡君是以願借助焉」。許之。

　　《左傳》行人辭令，素來爲人重視稱道，而且這些優美詞藻的外交「官話」，透過當時人物，一則反映出當時的社會狀況；二則將爲我們記下了歷史見證；三則爲伐謀留下精彩的案例，四則對兵學是很好的研究材料。

第二章 人　物

第一節　《孫子》其人其書

一、作者之爭議

宋代以來，有不少人提出異議，認爲該書的思想內容具有濃厚戰國色彩，作者是否爲孫武十分可疑。最早提出此說的是北宋註釋《孫子》的名家梅堯臣。受梅說啓發，南宋葉適也推測《孫子》是「春秋末戰國初山林處士所爲，其言得用於吳者，其徒誇大之說也」。

宋代以後，有人認爲十三篇是僞託，又有人懷疑孫武並無其人，或將《孫子》與《孫臏兵法》混爲一談。

在梅、葉等人說法的影響下，後來又出現了不少懷疑之說，其中影響較大的是"孫臏所作說"。此說主要由近代以來的一些中國和日本學者提出，他們認爲，漢代人所說的孫武不見於先秦古書，疑點很多，可能由孫臏的傳說演化而來。懷疑《孫子》成書於春秋的具有代表性的作品，還二十世紀三十年代末齊思和所作的《孫子著作時代考》。該文從《孫子》書中所見的作戰方式、戰爭規模和時間、軍事制度以及其他名詞和著述體例幾方面，將其成書時代確定在戰國時期。但同時，它又反駁孫臏所作說，指出漢代原有題名爲孫武和孫臏的兩部兵法存在，不容混爲一談。

近代學術界關於《孫子》的成書時代和作者也有過一些討論，流行的看法是，《孫子》由孫武草創、孫臏整理完成。對新、舊兩說持折衷態度，但學術界還有不同意見，較合理的看法是，《孫子》爲孫子學派軍事思想和戰爭經

驗的總結，其基本成書時間應在戰國時期。這可以從《孫子》的內容本身得到證實。〔註1〕

　　一九七二年四月，中共於山東省臨沂縣銀雀山所掘漢古墓中，發現「孫子兵法」與「孫臏兵法」二者並存，其中孫子兵法全長五千九百字，十三篇。孫臏兵法全長一萬一千字，上下二卷各十五篇。其內容與筆法皆不同，二者為一人之論隨之幻滅。在出土的竹簡中，更證明司馬遷之說：「祖以孫成名，孫以祖成功」為確鑿可信。

二、生　平

　　《史記·孫子吳起列傳》中所述，今大略言之如下：

> 孫子武者，齊人也。以兵法見於吳王闔廬。闔廬曰：子之十三篇吾
> 盡觀之矣，可以小試勒兵乎？對曰：可。闔廬曰：可以試諸婦人乎？
> 對曰：可。於是……知孫子能用兵，卒以為將。　西破彊楚，入郢。
> 北威齊、晉，顯名諸侯，孫子與有力焉。

《吳越春秋》及《越絕書》均有記孫子傳記，因偽，故不論。

　　春秋未載孫武之名不足證無其人，又春秋魯史，非名人錄，重褒貶。加之事吳僅六年，未獨當一面，且非中原人物，又無權力。及至孫臏馬陵道獲勝，隨之聞名。故史記孫臏併孫武傳，自有其深義。

　　諸子及古書稱孫吳，亦必有其道理，在先秦典籍中提到《孫子》的有：《荀子》、《韓非子》、《國語》等著作。如下所列：

> 《荀子·議兵篇》：善用兵者，感乎悠闇，莫之其所從出，係孫、吳用之，
> 無敵於天下，豈必待附民哉。
> 《韓非子·五蠹篇》：今境內皆言兵，藏孫、吳之書者家有之。
> 《國語·魏語》：臣治生產，猶伊尹、呂望之謀，孫、吳用兵，商鞅行法。
> （魏白圭答魏惠王所以致富之因中所說）

　　由以上資料看，再加上《左傳》記載吳王闔廬於昭公二十七年（西元前515年）即位，至定公十四年（西元前496年）卒於橋李之戰，其客卿孫武，是西元前五○六年參加柏舉之戰，故吳國強大，才能北威齊、晉。

　　西元前四五三年始稱韓、趙、魏為三晉，至西元前四○三年韓、趙、魏始

為諸侯。吳起為魏將時為西元前三八七年之前事，魏圍趙邯鄲事在西元前三五四年，齊田忌、孫臏攻魏救趙在西元前三五三年，齊、魏馬陵之戰在西元前三四一年，以此推之，孫臏出名是吳起逃至楚國之後三十四至四十六年之間所發生之事，吳起事魏文侯，也是孫武伐楚入郢之後九十餘年之事，若前荀子等相關孫、吳之言，依當時撰寫慣例，不可能孫武時間在前，而寫成吳、孫，其排名先後必有其道理的。

綜言之，孫子因伍子胥而登上歷史舞台，當時吳王闔閭極思稱霸中原，但楚國為其障礙。吳王雖秣馬厲兵，但為缺乏領兵將帥所苦。後得避難於吳國的楚將伍子胥極力保薦，孫武於西元前五一二年將所著兵法呈獻闔閭。吳王閱畢稱頌不已，即令吳宮妃女編隊，由孫武指揮操練，吳王歎服，拜孫武為將軍，並負責伐楚事宜。

孫武既為武將，首先向外標榜和平政策，以便修明內政，並作動員準備，另一方面派人疏導杭州至洪澤湖的運河，再利用疏浚完工的機會，武裝民工，出兵奇擊徐國〈今安徽泗縣北〉，快速滅鐘吾國〈今江蘇省宿遷縣東北〉，再轉兵舒城〈今安徽省盧江縣西〉，殺吳國叛將掩餘，燭庸二人。隨即回師國內，繼續標榜和平，暗中編成新軍，分作三軍。西元前五○六年，吳、楚在柏舉〈今湖北麻城縣北〉展開決戰，孫武僅以三萬精兵勝楚軍二十萬，楚軍慘敗。楚昭王倉皇西逃，孫武揮軍西進，佔領楚國王都郢城〈今湖北江陵北〉。

西元前四九四年輔佐闔閭之子夫差南服越國〈今浙江一帶〉。此後，又向北伐齊，西元前四八四年，在艾陵〈今山東萊蕪縣東〉重創齊軍。西元前四八二年，吳王夫差與晉、魯在黃池〈今河南封丘〉會盟，吳王爭為盟主，吳國終於實現了霸主夢想。但越王句踐卻趁此機會攻破吳都。此後十數年，吳越兩國爭伐不已。

西元前四八○年，孫武因不得志而去，死後葬於吳都郊外。西元四七三年，越竟滅吳。總結孫武一生，在吳國戎馬倥傯三十年，尤其柏舉之戰，功績卓著，名聲方顯，其所著兵法自然人皆有之，當是時有謂：世藏孫、吳者多有之，可見其兵法對當時影響之大。

三、來　源

據《史記‧孫子吳起列傳》記載，戰國時齊國軍師孫臏，為孫武後裔，也著有兵法，一九七二年在山東臨沂縣銀雀山漢墓中同時發現了《孫臏兵法》

與《孫子兵法》十三篇和另外幾篇佚文的殘簡，證明歷史上確有孫武其人，有《孫子兵法》與《孫臏兵法》。《孫子兵法》中有一些戰國時代的內容，可能是後人潤色增改所致。

西漢司馬遷所說，《孫子》的漢初傳本，與今本篇數相同，但當時及其後也還有其他一些佚篇《孫子》在流行和陸續產生。這些佚篇《孫子》本來別自成書。

《漢書·藝文志》記載《孫吳子兵法》共八十二篇，圖九卷，孫武著十三篇，其餘各篇當是由後人增補，已佚。

《漢書·藝文志》說《齊孫子》八十九篇，已佚。

西漢末經任宏校定，與上述十三篇合為一書，致使篇數驟增，達到八二篇、圖九卷，這種本子流行到三國時期。這些佚篇《孫子》在隋唐之際仍以單行本形式流傳，其餘六九篇約在宋代後全部亡佚。

《隋書·經籍志》著錄則有二卷、一卷的不同卷本。

《舊唐書·經籍志》、《新唐書·藝文志》作"《孫子兵法》十三卷"。

《宋史·藝文志》則有多種註本的著錄，但不論卷數多少均為十三篇。

三國時魏武帝曹操特意編了一部僅有十三篇的扼要註釋本，將西漢末增入的佚篇悉數刪汰，此後十三篇流傳較廣。故唐人杜牧說"武所著書，凡數十萬言，曹魏武帝削其繁剩，筆其精切，凡十三篇，成為一編。過去不少人懷疑此說，也有人反過來臆推《孫子》為曹操偽託，都缺乏證據。

曹操的《孫子略解》，一般稱曹注孫子，是孫武之書的最早注釋本。其自序稱：「吾觀兵書戰策多矣，孫武所著深矣。」。曹操當有條件獲得《孫子兵法》佳本，他所注的十三篇底本為三卷本，很可能即是劉向、任宏的校訂本。原書經曹操再校，始有注解。此外，曹操另編有《孫子兵法》續卷，以顯示與十三篇的區別，用他自己的話來說，即十三篇與那些「文煩富」、「失旨要」的部分相區別。自曹操注釋《孫子》後，傳世諸本相沿為十三篇，而不在此列的其他篇卷，大多於唐代以後佚失。這些佚失書目，可見於《隋書·經籍志》和《唐書·藝文志》中著錄。現今考古發現的銀雀山漢簡本孫子兵法，由整理者分設了上下編，而收有這類佚文五篇，這在考證上提供了新的資料，是令人相當振奮的。

一九七二年山東臨沂銀雀山漢墓出土的竹書《孫子兵法》為迄今最早的傳世本，惜為殘簡，不能窺其全貌。山東臨沂銀雀山一號漢墓出土竹簡本《孫

子兵法》、《孫臏兵法》。證實了《史記》關於《吳孫子》和《齊孫子》從漢初就各有其書的記載，澄清了某些人在這一問題上的誤解。竹簡本《孫子》有不少字句與今本不同，而與失散在漢唐舊籍中的《孫子》引文比較接近，是瞭解《孫子》的流傳和校勘《孫子》的寶貴資料。另外，墓中還出土了記載《孫子》篇目的木牘和五篇《孫子》佚文。木牘將《孫子》十三篇分爲前六篇和後七篇兩部分，稱後者爲"七勢"，其篇次排列與今本不盡相同。五篇《孫子》佚文爲研究漢初佚篇《孫子》的面貌提供了新線索。已有不少研究者利用這一新材料，寫出了新的註釋本和研究文章。但流傳的重要古註本是不可不提的。

四、版 本

（一）宋本《魏武帝註孫子》

收入《平津館叢書》，原清顧之逵舊藏。是仍然保持單行本面貌的曹註本。此本當來源於北宋元豐年間所頒《武經七書》中帶有曹注的《孫子兵法》。原本爲南宋孝宗時所刻，現已下落不明。影摹本收在清人孫星衍《平津館叢書》之《孫吳司馬法》內。

（二）宋版《武經七書》本《孫子》

收入《續古逸叢書》，後世大量的武學教本都是翻用此書。原爲清代陸氏皕宋樓藏書，現藏日本岩崎氏靜嘉堂文庫。《武經七書》係北宋神宗元豐年間頒定合刊的七部武學經典，其收錄的《孫子兵法》，僅採用曹操注，自此後產生該武經系統的各傳本。今存見宋本爲一種白文本，刻於南宋孝宗、光宗年間。

（三）宋本《十一家註孫子》

北京圖書館和上海圖書館均有藏本，今有中華書局影印本。該書原出宋吉天保《十家孫子會註》，十家者：魏曹操、梁孟氏、唐李筌、杜牧、陳皞、賈林、宋梅堯臣、王晢、何延錫、張預，另加上鈔附在內的唐杜佑《通典》引文的小註，便是十一家，書後還附錄了宋鄭友賢《孫子十家註遺說並序》，是保存舊註最多的一個本子。此本可能初刻於南宋高宗紹興年間、再刻於孝宗乾道年間，爲十家注傳本系統的母本。今存有其刻本三部，即上海圖書館藏本一部，北京圖書館藏足本一部和殘本一部。

（四）櫻田本

是日本櫻田迪收藏家傳的《古文孫子》正文，此書被大陸學者認定爲唐

貞觀時的抄本。

另外《孫子兵法》又有滿文、西夏文等多種少數民族文字本。這類本子中，以西夏文本存世最早，現藏俄羅斯，我國臺灣《書目季刊》第十五卷第二期載有此本影印件。另外，《孫子兵法》書還有它的藝術版本，出現了象牙微雕、麻織壁掛等版本形式，很能說明人們對此書的熱愛，也反映這部著作流傳的普及情況。《孫子兵法》乙書在國外，也早已有流傳。西元八世紀時首先傳入日本，其次為西元十五世紀傳入朝鮮。此書的西傳，則起於西元十八世紀法文譯本，後相繼有俄、英、德、意、捷和希伯萊等十多種文字的譯本。留存在國外的漢文版本中，值得一提的是日本所藏櫻田本。此本正文十三篇，為楷書字體白文，再依其避諱情況推斷，可知是一種唐代本。它的文本比較完整，能彌補唐人杜佑《通典》分散徵引《孫子》的缺憾，也為瞭解這部兵書從漢代古本到宋代今本的過渡形態提供了一個重要證據。

其實整理研究《孫子》，前人著述極多。其中研究《孫子》著錄者，以近人陸達節所著《孫子考》和《孫子兵法書目彙編》蒐集最富；校勘方面，清孫星衍校刻的《孫子十家註》，以鉤稽古本殘句著稱；註釋方面，近人在引證中外軍事史、整理舊註、疏通文義和思想評價等方面均有一定成績；輯佚方面，清畢以珣《孫子敘錄》、嚴可均《全上古三代秦漢三國六朝文》、馬國翰《玉函山房輯佚書》、王仁俊《經籍佚文》等均輯有《孫子》佚文。另外，日本東北大學中國哲學研究室還編印了《孫子索引》。

第二節　《孫子兵法》內容簡介

孫武並不是以其輝煌的戰績而顯於當世，而是以其不朽的兵學著作稱世。《孫子兵法》享譽古今中外，它是我國現存最早的一部兵書，也是人類歷史上第一部比較有系統的軍事論著。它全面總結了春秋時期及其以前的戰爭經驗，分析及論述了許多作戰原理，並揭示了重要的戰爭規律，內容豐贍，見識精闢，不僅對當時的戰爭有十分現實的指導意義，而且還深遠影響了後世乃至當今的軍事思想，故歷來有「古代兵經之首」、「百代談兵之祖」、「兵學鼻祖」、「兵學聖典」之稱。

首註《孫子》的曹操說：「吾觀兵書戰策多矣，孫武所著深矣。……審計重舉，明畫深圖，不可相誣，而但世人未之深亮訓說，況文煩富，行於世者，

失其要旨，故撰為略解焉」。從此打開各家為《孫子》註說之門。

其書雖非文學作品，但在中國文學發展史上值得注意，全書共有十三篇，而且按專題分篇論說，有中心，有層次，篇章比較完整。它的邏輯性強，語言簡練，文風質樸。如它大量運用排比句式，比喻手法也很熟練，含義貼切，形像生動，音韻鏗鏘，頗有氣勢。所以劉勰稱「孫武兵經，辭如珠玉」。

一、十三篇大略

（一）第一篇——計篇

首篇言計，但觀全篇是說明國家戰略的大計劃，然而其中所謂「七計」：主孰有道？將孰有能？天地孰得？法令孰行？兵眾孰強？士卒孰練？賞罰孰明？卻是七個計量敵我雙方戰鬥實力的分析，所以由計量中，把國家整體的戰鬥力分析比較後，作為出兵的依據。

一般而言始「計」為孫武的戰爭和戰略思想總綱，說明他對戰爭的看法與態度；並提示在未戰之前，預判勝負的五項要素 道、天、地、將、法（五事）。和七個計量單位，以此作為分析、比較敵對雙方勝算和制定謀略的依據。強調不可冒險發動沒有勝利把握的戰爭。戰略上運用詭道方法，欺騙敵人，攻勢上採取避實擊虛的原則，重點應指向敵的「無備」與「不意」。

本篇可稱為「計劃原則及奇襲」。但重點在「慎戰」，因開宗明義即說明的相當清楚，兵者，國之大事也；死生之地，存亡之道，不可不察也。

（二）第二篇——作戰篇

兵貴勝，不貴久，戰爭是一種純消耗的國家行為，說明戰爭與經濟有著密不可分關係。從立案假定的十萬之師來衡量，當時戰爭是日費千金的。計算已定，然後完車馬，具器械，運糧草，約費用，以行作戰。

以戰爭的純破壞觀來講，爭城以戰，殺人盈城，爭地以戰，殺人盈野；師之所處，荊棘生焉。所以百姓之費十去其七，公家之費十去其六，故主張一次軍事行動只能一次動員來完成，即其所謂的「役不再籍，糧不三載」，並須「速戰速決」，不可曠日持久，以戰爭的純消耗觀來講，要「因糧於敵」、和「勝敵益強」的方法來運作，這樣一方面減輕國內負擔，一方面以達「以戰養戰」的效果。本篇為「動員原則及速戰」，重點在「速戰」，其中指揮者最重要，讓我們知道打仗在打將的重要，故知兵之將，為民之司命，國家安危之主。

（三）第三篇——謀攻篇

「全爭」觀念的提出，從「全國」再等而下之「全軍」再「全旅」再「全卒」再「全伍」，故領導戰爭，不是殘破對方，「不戰而屈人之兵」，才是最高指導原則，百戰百勝，非作戰的善之善者。

謀攻的策略，也是有等級的，故上兵「伐謀」，其次「伐交」，其次「伐兵」，其下「攻城」，在攻城中，提醒將領不可以慍而致戰，不然殺士卒三分之一而城不拔者，此攻之災也。

用兵之法切記不可以寡擊眾，故要採取少則逃之，不若則避之的原則來應戰，其結論「小敵之堅，大敵知擒」，從戰力中撇開士氣、意志等因素而言，這是正確的衡量，更印證了「知彼知己」才能「百戰不殆」的論斷，不然世人不察，妄用前賢之語，而云：「知彼知己，百戰百勝」。

本篇另強調國君非專業軍事將領，故不可「縻軍」、「疑軍」、「惑軍」。又強調知勝之道有五，如計篇所云：「此兵家之勝，不可先傳也」。本篇為「全勝原則及謀攻」，重點在「全爭」。

（四）第四篇——形篇〈軍形〉

《宋本十一家註》本單稱形篇至武經七書時稱軍形，實因形者，曹註：「軍之形也」。主要說明攻守之形，以先勝為主，呼應後之所云：「善戰者，先立於不敗之地」；「勝兵先勝，而後求戰；敗兵先戰，而後求勝」。

次說明善戰者，無智明，無勇功。最主要能「修道保法」，勝敗的真正關鍵實出於此，這是為政者的應當注意的。

軍形說明戰爭求勝的整體思考原則，提示「度、量、數、稱、勝」即判斷、部署、數量、比較計算、求勝等思維程序；最後講勝兵之形是：「若決積水於千仞之谿」，來形容蓄勢待發的必勝之形也。本篇為「先勝原則及優勢」，重點在「先勝」。

（五）第五篇——勢篇（兵勢）

在此勢是一種力量的表現，如何表現，這就要從基本紮實的訓練著手，故分數、形名而已。在此基礎之下，指揮官發揮「奇、正、虛、實」以制勝，尤其將「奇、正」作循環無窮配合運用，達到指揮藝術化的修為，這全在運用之妙，存乎一心的最高境界。

如何運用「勢險」、「節短」，孫武用激水、鷙鳥來形容。激水可漂石，但

如何營造出激水，這一定要有險峻的地形，同樣用在軍隊時，或方馬埋輪、或背水而戰、或破釜沉舟等等，皆利用其險也；鷙鳥可毀折，則在其控制的恰到好處，軍隊在打擊敵人時，必是迅速、短捷、猛力，一發中的，絕不浪費。

亂生於治，怯生於勇，弱生於強；治亂數也，勇怯勢也，強弱形也。前面是相互對應或比較的關係來看的，由此軍隊可反向操縱，示亂而治，示怯而勇，示弱而強。後面則是直接說明治亂、勇怯、強弱，這三樣可由現象的表徵得知的，譬如體形瘦小者，外觀自然感覺其弱小，但無法得知是勇是怯，若其怒髮上指，青筋暴露，方此之際，切莫批其逆鱗。

若兵勢已成，然後任勢以取勝而無需責人。故善戰人之勢，如轉圓石于千仞之山者，勢也。本篇為「奇正原則及運動」，重點在「任勢」。

（六）第六篇──虛實篇

講的是如何通過分散集結、包圍迂迴，造成預定會戰地點上的我強敵劣，「以眾擊寡」、「避實而擊虛」。善用兵者避實擊虛，先須識彼我之虛實也。靈活、主動從時空的因素掌握，提示勞與佚的關係，強調爭取與掌握主動的重要。其論虛實的有形、無形戰法，主張避實擊虛的「致人而不致於人」，「致人」在主動，虛實為手段。本篇為「主動原則及虛實」，重點在「因敵」。

（七）第七篇──軍事篇

講的是如何「以迂為直」、「以患為利」，奪取會戰的先機之利，強調機動之重要。軍隊的行動要：「其疾如風，其徐如林，侵掠如火，不動如山，難知如陰，動如雷霆」。先知彼我之虛實；然後能與人爭勝。爭奪有利的戰地和戰機，掌握戰爭的主動權。

論會戰指導是，「以詐立，以利動」；戰略為「懸權而動」；指揮要專一，使勇者不得獨進，怯者不得獨退。另外破敵知「四治」之要，戰事順利時，須知防敗八戒等。本篇為「機動原則及會戰」，重點在「智勝」。

（八）第八篇──九變篇

變者不拘常法，臨事適變，從宜而行之之謂也。九者究也，數之極也。用兵之法當極其變耳。凡與人爭利，必知九變之術。根據具體情況靈活機動。論述對各種地形的利用要領，在某些情況下，可以權宜，不必拘泥常規；考慮問題，必須兼顧利害兩方面，這種「智者之慮必雜於利害」的辯證法，是

各方面以利害為主的考慮，相對找出勝敵之最佳手段；並指出為將者五種危險性格和作風及其不利後果。五危：必死、可殺也；必生、可擄也；忿速、可侮也；廉潔、可辱也；愛民、可煩也。 本篇為「利害原則及地形判斷」，重點在「應變」。

（九）第九篇——行軍篇

本篇名為「行軍」，非現代軍事術語之行軍，是敘述每一士兵與軍官應了解最基本的陣中知識。如在山地、河川、水澤、平陸以及各種特殊地形中行軍作戰的要領。

同時指出根據十一種徵候，判斷敵情的方法。主張官兵和睦，令之以文，齊之以武，兵不是在多，且不可冒進，須集中兵力，爭取人心等重要治軍思想。本篇為「先知原則及特種地形」，重點在「相敵治軍」。

（十）第十篇——地形篇

行師越境審地形而立勝。將帥要重視地形的研究和利用，論述將領治軍應知的事項。如各種地形中的作戰要領，六種敗兵：走、弛、陷、崩、亂、北等意義。將領本身對作戰、國家及部下所負的重大責任；最後揭櫫「知己知彼」和「知天知地」的重要。本篇為「先知原則及戰術地形」，重點在「將道」。

（十一）第十一篇——九地篇

說明九種戰略地形：散地、輕地、爭地、交地、衢地、重地、圮地、圍地、死地，應如何用兵的要領。從敵人內在和外在分離敵人，以利各個擊破，討論侵入敵境遠征作戰的用兵原則，乃至首尾相互支援和協同合作要領。本篇為「隔離原則及遠征作戰」，重點在「同心協力」。

（十二）第十二篇——火攻篇

以火攻敵，當熟察途徑之遠近險易，助兵取勝，戒虛發也。此篇總結古代火攻經驗及應變策略。

敘述火戰種類、條件、方法和要領，同時再次強調「慎戰思想」，以及贏得戰爭勝利後，如何保持有利戰果的作為，告誡「不可怒而興師」和「不可慍而致戰」。本篇為「火攻原則及特殊作戰」，重點在「利動」。

（十三）第十三篇——用間篇

戰爭勝負不是盲目僥倖，主事者必用間諜以知敵之情實也。但用間之道，

尤須微密。由戰爭成本觀念強調用間諜蒐集情報的重要性及正確方法，並提示間諜的種類與運用要領。其中「聖智用間，仁義使間」為其要領，但最重要是以「上智為間」者方能成大功。本篇為「情報原則及反間」，重點在「先知」。

二、兵法大略

首篇〈始計篇〉開宗明義地指出：「兵者，國之大事，死生之地，存亡之道，不可不察也。」把戰爭看作關係軍民生死，國家存亡的大事而加以認真研究。並且說：「亡國不可以復存，死者不可以復生。故明君慎之，良將警之。」要求對戰爭持慎重態度。又說：「無恃其不來，恃吾有以待之；無恃其不攻，恃吾有所不可攻也。」主張對敵對國家可能的進攻，必須做好準備，也就是對戰爭要有有備無患的思想。

明確地提出了，要有能力決定戰爭勝敗的五大基本因素是：經之以五事，校之以計，而索其情。一曰道，二曰天，三曰地，四曰將，五曰法……凡此五者，將莫不聞，知之者勝，不知者不勝。

又提出：主孰有道？將孰有能？天地孰得？法令孰行？兵眾孰強？士卒孰練？賞罰孰明？吾以此知勝負矣！認為從這七個方面對敵對雙方的優劣條件進行估計和比較，就能在戰前判斷誰勝誰負。它把「道」放在五事、七計的首位，指出道者令民與上同意也。故可以與之死，可以與之生，而民不畏危。又說：修道而保法，故能為勝敗之政。道是指政治，政治是否修明，是戰爭勝利的政治前提；把政治作為決定戰爭勝敗的首要因素，這是《孫子兵法》的重要貢獻；其次指戰爭是否正義，再次指是否得到人民擁護，即「令民與上同意也」。天指天時，即晝夜、寒暑等。地指地利，即道路的遠近和地形地勢等。將指統帥的修養和才能。法指軍隊組織、指揮、訓練、供應、賞罰等方面的法令制度及其執行情況。它還主張開戰之前就要對敵我雙方的上述五個方面進行全面的比較，據以制定戰爭的方針策略，強調對敵方情況和行動計畫事前預見的必要性，認為這種預見不可取於鬼神，不能依靠迷信，而必取於人。又主張禁祥去疑，即禁止機祥迷信和謠言，防止軍心的動搖。認為戰爭中的失誤非天之災，而是將之過也，反對把勝敗歸結為天意。

領導地位的重視，故將帥的地位和作用攸關勝負，認為將是國之輔也。把具備智、信、仁、勇、嚴五個條件的將，看作是決定戰爭勝敗的五事之一，把將孰有能列入七計之中。它對將帥要求有知彼知己、知天知地的廣博知識

和卓越的才能；有知諸侯之謀的政治頭腦；有能示形、任勢的指揮藝術；有進不求名，退不避罪的責任心；要有勇有謀，能料敵制勝、通於九變；善於用間、因糧於敵等等，將領須具有的才能。

治軍思想上，在於文武兼施、刑賞並重。認爲令之以文，齊之以武，是謂必取。這文使士卒親附；武使士卒畏服。它提出視卒如愛子、嬰兒，是要使他們去拼死作戰。對俘虜提出卒善而養之，是爲了戰勝敵人，壯大自己。它在兩千多年前就提出了愛卒和善俘的主張，較之於奴隸制軍隊殘暴虐待兵卒和俘虜，顯然是一個進步。

〈始計篇〉講的是廟算，即出兵前在廟堂上比較敵我的各種條件，預計戰事勝負，制訂作戰計畫，是全書的綱領。關於作戰方針、作戰形式、作戰指導原則等的論述，都是以知彼知己，百戰不殆這一思想爲基礎的。這一著名的科學的論斷，揭示了正確指導戰爭的規律，至今仍是真理。

強調要瞭解敵情，全面分析敵我矛盾雙方，才能克敵制勝。爲了瞭解彼己雙方的情況，正確地指導戰爭。還提出知勝有五：「知可以戰與不可以戰者勝；識眾寡之用者勝；上下同欲者勝；以虞待不虞者勝；將能而君不禦者勝。此五者，知勝之道也」。又說：「知吾卒之可以擊，而不知敵之不可擊，勝之半也；知敵之可擊，而不知吾卒之不可以擊，勝之半也；知敵之可擊，知吾卒之可以擊，而不知地形之不可以戰，勝之半也」。

此外提出一系列很有價值的謀略，如施無法之賞，懸無政之令（意思是施行超出慣例的獎賞，頒發打破常規的號令）、兵之形，避實而擊虛、以迂爲直，以患爲利，出奇制勝、緩兵待機、上下同欲者勝等謀略；均成爲戰略決策的重要內容。

在作戰策略上，主張進攻、速勝，強調兵貴勝，不貴久。爲了達到進攻速勝的目的，它主張要充分準備，先勝而後求戰。就是說先有勝利的把握，才同敵人交戰。要並力、料敵、取人、避實而擊虛，集中兵力，打敵要害而又虛弱之處。進攻要突然，攻其無備，出其不意。行動要迅速，兵之情主速，乘人之不及。態勢要有利，善戰者，其勢險，其節短等等。

在作戰形式上，它主張在機動作戰，把攻城看作下策。要在機動作戰中消滅敵人，就要善於調動敵人。它說善動敵者，形之，敵必從之；予之，敵必取之。以利動之，以卒待之。對於固守高壘深溝的敵人，則採取攻其所必救的戰法，調動敵人出來消滅它。

在作戰指導原則上，它強調致人而不致於人，爭取主動，避免被動。爲達此目的，要先爲不可勝，以待敵之可勝，就是先要消除自己的弱點，不給敵人以可乘之隙，以尋求消滅敵人的機會。而在待機中，就要以治待亂，以靜待譁，以逸待勞，以飽待饑。它還強調我專而敵分，就是要設法使自己兵力集中而迫使敵人兵力分散，這樣就能夠造成以十攻其一、以眾擊寡的有利態勢。它提出了欺敵辦法，即能而示之不能，用而示之不用，近而示之遠，遠而示之近；或示弱如卑而驕之，或擾敵怒而撓之，或疲敵逸而勞之，或間敵親而離之。以此擾亂敵將的心境，挫傷敵軍的氣勢，造成敵人的過失，使敵人弱點暴露，陷於被動。自己則始終保持主動。

態勢上造成決積水千仞之谿、轉圓石於千仞之山那樣一種銳不可當的態勢，使自己的進攻，能所向無敵，所謂兵之所加，如以碬投卵者。它還強調兵因敵而制勝，根據敵情來決定取勝的方針。強調要正確地使用兵力和靈活地變換戰術。指出：凡戰者，以正合，以奇勝。認爲作戰通常是用正兵當敵，用奇兵取勝。而奇正之變又是不可勝窮的。對不同的敵人，有不同的打法，對貪利的敵人，則利而誘之；對易驕的敵人，則卑詞示弱，使它痲痺鬆懈。敵對雙方兵力對比不同，作戰方法也有所不同，守則不足，攻則有餘，即兵力劣勢，採取防禦；兵力優勢，採取進攻。而優勢的程度不同，打法也不一樣，十則圍之，五則攻之，倍則分之。用兵作戰要巧設計謀，爲不可測，這樣就可巧能成事。因而要求易其事，革其謀，使人無識；易其居，迂其途，使人不得慮。每次取勝的方法都不重複，即所謂戰勝不復，而應形於無窮，踐墨隨敵，以決戰事。如：對不同的戰地（九地）要採取不同的行動方針；對不同的地形（六形）要採取不同的作戰措施。對特殊情況，則要求作特殊的機斷處置，途有所不由，軍有所不擊，城有所不攻，地有所不爭，君命有所不受。它把作戰方式因敵情而變化，比作水形因地形而變化，所謂兵無常勢，水無常形，能因敵變化而取勝者，謂之神。

書中豐富的辯證法思想，它爲瞭解決戰爭中的一系列問題，探討了矛盾的對立、轉化及其轉化過程中人的主觀能動作用。書中認爲，治亂、勇怯、強弱、勞佚、饑飽、安動、眾寡等的對立不是一成不變的，而是在一定條件下相互轉生和轉化的。亂生於治，怯生於勇，弱生於強。又認爲，敵佚能勞之，飽能饑之，安能動之，敵雖眾，可使無鬥，關鍵在於正確地發揮主觀能動性，創造條件使矛盾朝有利於我而不利於敵的方向發展。它強調戰爭中掌

握主動權和保持機動靈活的重要意義，主張致人而不致於人、形人而我無形。提倡交替使用正、奇兩類戰法而出奇制勝。對敵人要避實而擊虛、避其銳氣，擊其惰歸、攻其無備，出其不意，用示形即製造假像的辦法迷惑、引誘、調動敵人，使之兵力分散、混亂、疲勞、饑餓，造成以治待亂，以靜待譁、以近待遠，以佚待勞，以飽待饑的態勢，從而奪取勝利。

三、兵法價值

《孫子兵法》的價值，因其從戰爭全局著眼，其謀略是高瞻遠矚的，二千多年來，中國人一直把它視爲兵學的經典。諸葛亮說：「戰非孫武之謀，無以出其計遠。」劉勰的《文心雕龍·程器篇》說「孫武兵經，辭如珠玉，豈以習武而不曉文也。」可知《孫子兵法》深具文學價值。宋代學者張震的《黃氏日鈔·讀孫子》說「若孫子之書豈特兵家之言，亦庶幾乎立言之君子矣。」明代茅元儀評論《孫子兵法》價值之高，稱「前孫子者，孫子不遺；後孫子者，不能遺孫子。」同時代的李贄（李卓吾）則評價爲「孫子所爲至聖至神，天下萬世無以復加者也。」在兵法著作中，確乎無超過孫武立言之精闢者。

《孫子兵法》的價值，除了軍事上、政治上、思想上、文學上的價值外，今天在企業經營上，也是不可忽視的經典。因它強調綜合分析，全局把握情勢。企業經營管理的主體是人，研究人，使用人，組織人的工作，也是《孫子兵法》中所說將帥須必備的五德。企業經營的三大階段經營決策、生產管理、產品銷售，《孫子》十三篇中的戰略思想、原則、方法，皆可借鑑。二次世界大戰後，大批軍人棄武從商，以兵法治商，不少人頗有斬獲；及體育競賽上，《孫子兵法》亦發揮它的功效。

《孫子》提出了太多太多的原理原則，這些理則到現在還是被軍事家奉爲圭臬，如「不戰而屈人之兵」爲作戰之最高指導方針，所有戰鬥作爲皆以此爲策劃目標，其運用要領則是首要「先知」，先知則「知己知彼」，知己知彼方能「百戰不殆」，百戰不殆則是「先爲不可勝」，先爲不可勝則能「先立於不敗之地」，整個思路皆非常清晰，《孫子兵法》非但是武學之寶典，亦是一部很好的文學作品，所以不應忽略它的文學成就，它除了包含了兵學、哲學、科學、文學等，還在其中可發現政治、經濟，文化、社會等知識，它成就了太多寶貴知識，這是值得好好研究的。

《司馬法·仁本第一》中云：「國雖大，好戰者必亡；天下雖安，忘戰者必

危」。我們無法遠離戰爭的陰影，《孫子兵法》提供了那麼多戰爭原理原則，我們不好戰，但不忘戰；不求戰，但不避戰，從《孫子》中，給了我們太多體悟，但好戰者的恐怖平衡，使軍備競賽無日無之，這是令人沮喪的。所以我們應多發揮《孫子》之「全爭」之觀念，達到「知天知地，勝乃可全」之境。

第三節 《孫子》基本哲理

一、本體論（宇宙論）

（一）陰陽相因

　　《孫子》所言奇正、虛實，即是易之陰陽之理。故其應本於易也。易繫辭傳云：「古者包犧氏之王天下也，仰則觀象於天，俯則觀法於地。觀鳥獸之文，與地之宜，近取諸身，遠取諸譬，於是始作八卦，以通神明之德，以類萬物之情」。又云：「易有太極，是生兩儀，兩儀生四象，四象生八卦」。由陰陽蕃衍，生生不息，萬物滋長。又云：「一陰一陽之謂道」、「爲道也屢遷，變動不居，周流六虛，上下無常，剛柔相易，不可爲典要，唯變所適」。所以易之道在陰與陽，生生不息，又相互爲變。《孫子》亦秉此理而應兵於無窮。觀其〈兵勢篇〉云：

>　　三軍之眾，可使必受敵而無敗者，奇正是也。兵之所加，如以碬投卵者，虛實是也。凡戰者，以正合，以奇勝。故善出奇者，無窮於天地，不竭如江河；終而復始，日月是也，死而復生，四時是也。聲不過五，五聲之變，不可勝聽也。色不過五，五色之變，不可勝觀也。味不過五，五味之變，不可勝嘗也。戰勝，不過奇正，奇正之變，不可勝窮也。奇正相生，如循環之無端，孰能窮之哉？

　　這種奇正相生，變化無窮的作戰方法，奇是「陰」，正是「陽」，把陰陽之理運用的如此完美，然運用之妙，唯其知天乎。

　　《孫子》於〈行軍篇〉直言陰陽：

>　　凡軍好高而惡下，貴陽而賤陰，養生而處實，軍無百疾，是謂必勝。
>　　丘陵堤防，必處其陽，而右背之，此兵之利，地之助也。

　　這是將陰陽之理運用到實際生活，要是不知其理怎能活用於日常生活，孫子知道營隊駐守之處的選擇，一同此理，這以當時來說，是相當科學的。

（二）剛柔並濟

《孫子》言兵有剛柔之象，剛柔本亦陰陽，但戰勝攻取，乃陽剛之性，故《孫子》凡言「戰」者皆有一股陽剛之氣，如〈軍形篇〉云：

勝者之戰，如決積水於千仞之谿者。

〈兵勢篇〉云：

善戰人之勢，如轉圓石於千仞之山者。

言用兵亦然，如〈作戰篇〉云：

凡用兵之道，馳車千駟，革車千乘，帶甲十萬，千里饋糧；則內外之費，賓客之用，膠漆之材，車甲之奉，日費千金，然後十萬之師舉矣。

言善戰者亦是，如〈虛實篇〉云：

善戰者，致人而不致於人。

這些一看就是霸氣陵人之勢，其實作戰氣勢就應如此，其用陰柔，詭道也。然陰柔之極，水也。故《孫子》特別用水來說明兵之形，以此相濟，兵乃不殆，故〈虛實篇〉云：

夫兵形象水，水之形，避高而趨下，兵之形，避實而擊虛；水因地而制流，兵因形而制勝，故兵無常勢，水無常形，能因敵變化而制勝者，謂之神。故五行無常勝，四時無常位，日有短長，月有死生。

這種剛柔並濟之法，他又發揮在詭道上，又回到他所謂「避實擊虛」之理論了，這相通之理，最主要就是「運用之妙，存乎一心」了。所以他在首篇即說：

兵者，詭道也。能而示之不能；用而示之不用，近而示之遠遠而示之近，利而誘之，亂而取之，實而備之，強而避之，怒而撓之，卑而驕之，佚而勞之，親而離之。

在此用反面手法，若是硬碰硬，如剛易折，那損失兵馬不知幾何，在硬碰硬之〈軍爭篇〉裡看到兩軍交疊：

將受命於君，合軍聚眾，交和而舍，莫難於軍爭。

兩軍一觸即發，若大戰一發，必免不了死傷，以死傷論，打勝仗至少也有兩種可能，一死傷少，二傷亡慘重，那即使打了勝仗又如何，人員不是馬上就長大可補足的，尤其敵人來反撲，那後果就不堪設想了。所以〈軍爭篇〉接著說：

故兵以詐立，以利動，以分合爲變者也。故其疾如風，其徐如林，
侵略如火，不動如山，難知如陰，動如雷霆，掠鄉分眾，廓地分利，
懸權而動，先知迂直之記者勝，此軍爭之法也。

此皆以剛爲本，以柔濟之之理，《孫子》秉乎天道，深諳易理，運用於戰爭，綜合其戰理，亦是左右逢源，無出陰陽也。

《孫子》之「靜動」、「攻守」，亦有剛柔之象，靜動亦陰陽，因「動」者不勝枚舉，僅從《孫子》中列舉三處有「靜」之字者如〈兵勢篇〉云：

任勢者，其戰人也，如轉木石，木石之性，安則靜，危則動，方則
止，圓則行。

〈行軍篇〉云：

近而靜者，恃其險也。

〈火攻篇〉云：

凡火攻，必因五火之變而應之。火發於內，則早應之於外。火發兵
靜者，待而勿攻；極其火力，可從而從之，不可從而止。

另舉〈九地篇〉之「處女」，有安靜嫻雅之貌：

始如處女，敵人開戶，後如脫兔，敵不及拒。

此皆言明靜之理，唯其安靜，方能發揮最大戰力，如決積水，如滾圓石，在未發之前，可看出它那凝聚的力量，只要是一暴發出來，那驚人的力量，是無法用言語形容的。

攻守亦清楚看出剛柔，〈軍形篇〉云：

不可勝者，守也；可勝者，攻也。守則不足，攻則有餘。善守者，
藏於九地之下；善攻者，動於九天之上。故能自保而全勝也。

〈虛實篇〉云：

故我欲戰，敵雖高壘深溝，不得不與我戰者，攻其所必救也；我不
欲戰，雖劃地而守之，敵不得與我戰者，乖其所之也。

攻守本是一體，陰陽亦是一體，二者缺一不可，運用之極，如其所言：「微乎！微乎！至於無形，神乎！神乎！至於無聲」。非但爲己之司命，甚而言「敵之司命」。誠神乎！

（三）知幾見微

《易・繫辭傳》云：「子曰：知變化之道者，其知神之所爲乎」！又曰：「夫易，聖人所以極深而研幾也。唯深也，故能通天下之志；唯幾也，故能

成天下之物；唯幾也，故不疾而速，不行而至」。又曰：「知幾其神乎！君子上交不諂，下交不瀆，其知幾乎。幾者，動之微，吉之先見也。君子見幾而作，不俟終日」。

這些見微知著的功夫，運用於作戰中，亦是有其相通之理，戰場往往瞬息萬變，指揮者不能洞燭先機，很可能立刻受制於人，一下子由主動變被動。這「若顯乎隱，若見乎微」之似有若無之感，如《老子》之「恍兮惚兮」但「其中有精」。如〈易〉之「太極」，太極生「兩儀」，兩儀生「四象」，四象生「八卦」。《孫子》哲理亦如此長，故《孫子兵法》所以能流傳千古，自是孫武本人於作戰中有深刻體會，因其定、靜、安、慮後，方能得，此得因其「見微」也，故其知是「獨到」之知，是「眞知」，與一般「傳習」之知是大有不同的。這就是《孫子》之戰爭原理原則，歷年不衰，爲人稱道的地方。首先看〈謀攻篇〉云：

> 知己知彼，百戰不殆。

這是常被人引用之句，然不明就裡之人謂之：知己知彼，「百戰百勝」。若知《孫子》之見微知幾的話，就知道世間怎可能百戰百勝，項羽非常神勇，《史記》所載也才大小七十餘戰未嘗敗也。百勝何其難乎，況《孫子》云：「百戰百勝，非善之善者也」〈謀攻〉。故《孫子》能肯定的說，每次作戰，我不會將部隊帶入危險之境。殆，危也。故同樣〈謀攻篇〉云：

> 故用兵之法，十則圍之，五則攻之，倍則分之，敵則能戰之，少則
> 能逃之，不若則能避之。小敵之堅，大敵之擒也。

由上所述，知《孫子》理論之扎實，實難覓破綻。再看他知的功夫，〈地形篇〉云：

> 「夫地形者，兵之助也。料敵致勝，計險惡遠近，上將之道。知此
> 而用戰者必勝，不知此而用戰者必敗」。又「知吾卒之可擊，而不知
> 敵之不可擊，勝之半也；知敵之可擊，而不知吾卒之不可擊，勝之
> 半也；知敵不可擊，知吾卒之可以擊，而不知地形之不可以戰，勝
> 之半也。故知兵者，動而不迷，舉而不窮」。

這些「知」的功夫從何而來，見微也，所以看其見微之「獨到」，見其〈虛實篇〉云：

> 故善攻者，敵不知其所守；善守者，敵不知其所攻。微乎！微乎！
> 至於無形；神乎！神乎！至於無聲。

〈用間篇〉云：

> 非聖智不能用間，非仁義不能使間，非微妙不能得間之實。微哉！
> 微哉！無所不用間也。

　　唯其「聖智」、「仁義」者方得其微，也唯其「微」，方能「神」也。其實在〈軍形篇〉已見孫子「見微」之處，其云：

> 古之所謂善戰者，勝於易勝者也。故善戰者之勝，無智名，無勇功。
> 故其戰勝不忒，不忒者，其所措必勝，勝已敗者也。故善戰者，立
> 於不敗之地，而不失敵之敗也。

　　其所謂「易勝」，不是大軍壓境，不是眾暴寡、強陵弱之易勝態勢，是「知幾見微」後之「知己知彼」也。

　　最後觀其對戰爭能「慎始慎終」之獨到功夫，見〈地形篇〉云：

> 知己知彼，勝乃不殆；知天知地，勝乃可全。

　　這先回應他前面所云之「全勝」觀，必也「全爭於天下」。最主要這是《孫子》「知幾見微」之最高深學問，第一，先不讓自己陷入危境，因為有些人勝而驕，驕而敗；第二，消極是勝而不虐，即不以戰勝者之高姿態來看視對方。積極是知天地滋養萬物，非殺也，草木之枯榮，其循天道也，自有其天年也。物過盛，則當殺，非人為之殺，乃秋霜肅殺之天所屬之氣也。故知其理，不濫殺無辜，所殺，是刑其不義者，是「聞誅一夫，未聞弒君者」，是「正」彼之「不正」，是「興廢繼絕」之事，這種戰爭如孟子所謂之「義戰」。知戰爭是不得已而為之，敵對雙方都得到警惕，都能從其中得到「教育成長」，深刻冀盼「和平」之可貴。

二、人生論（人生觀）

（一）人本思想

1. 人道主義

　　《孫子》的慎戰觀，就是最好的人本觀，尤其戰爭是集體的暴力行為，它關係的是眾人之安危，這比關係個人之安危，又超出許多。有人說：「軍人是最愛好和平的人」。或許如孫子之輩，才是真正看清楚戰爭本質的人，才能真心關懷生命，因在《孫子》戰爭理論哲學觀裡，有專述「慎戰」一事，故在此不贅述。除此之外，《孫子》同樣是有許多地方充滿人本思想，如「全爭」的觀念、〈行軍篇〉中敵情之判斷、〈九地篇〉中「主、客」之心理、〈用間篇〉

以仁義來使間等等，尤其〈作戰篇〉中善待戰俘的觀念，在當時是多麼先進的人道思想。

2. 慈愛心理

〈地形篇〉有云：「視卒如嬰兒，故可與之赴深谿；視民如愛子，故可與之俱死」。若就達到用兵目的，發揮兵力到極至，或許這種手段，讓人難以認同，但戰爭能迅速結束，讓人員死傷達到最低限度，而完成統治者的企圖，在這種無法避免的鬥爭中，使人警省戰爭，這才是大智慧大慈悲。

戰爭其實擴大來講，「愼戰」、「全軍」皆是本諸慈愛之心，若無悲天憫人心腸，無法在戰爭中覺悟戰爭，知道戰爭是無理性的行爲，當一位將領如何用你的理性來控制你的非理性，若無慈愛心理，戰場上的殺戮，不知增添幾何。

3. 注重法治

〈始計篇〉有云：「法者，曲制，官道，主用也」。「士卒孰練，賞罰孰明」。這都是以法制爲基礎，有法律的依據下，運作不失準繩，作戰時從一致之方針，取一致之行動，戰力一定堅強；平時注重法紀，愛民而不擾民，達到軍民一家。

〈軍形篇〉云：「善用兵者，修道而保法，故能爲勝敗之政」。這種從政治層面著手，眞正的勝敗，實際上非由根本做起不可，這根本之道就是守法制爲先。

〈行軍篇〉云：「卒未親附而罰之，則不服，不服則難用。卒已親附而罰不行，則不可用。故令之以文，齊之以武，是謂必取。令素行以教其民，則民服；令不素行以教其民，則民不服。令素行，與眾相得也」。這更是說明重法律制度，而依法治之之重要，當然「與眾相得」是其精髓，領導者如何掌握，這是重點中的重點。

4. 仁民愛物

〈作戰篇〉中之「久暴師則國用不足」。「夫兵久而國利者，未之有也」。「國之貧於師者遠輸，遠輸則百姓財竭，財竭則急於丘役，力屈財殫中原，內虛於家，百姓之費，十去其七；……丘牛大車，十去其六」。這裡道出久戰之民生凋敝之狀，所以他結論說「兵貴勝，不貴久」之理。人皆知爭城以戰，殺人盈城；爭地以戰，殺人盈野；師之所處，荊棘生焉。佳兵不祥，爭者逆德，在在都說明戰爭的殘酷，軍人深知戰爭的本質，這些反省的文字，就是

本著仁民愛物之心，由衷而發的聲音。

（二）科學思想

1. 分　析

　　從〈始計篇〉就可知道《孫子》注重分析之法，其中記「故經之以五事，校之以計，而索其情：一曰道，二曰天，三曰地，四曰將，五曰法」。再將其分為七可個計量單位（事件）。最後「廟算」分析出勝負如何。其他在〈軍形篇〉中的地生度，度生量，量生數，數生稱，稱生勝。一步一步的來分析勝負，真是精彩。〈行軍篇〉中各種敵情的狀況分析，精闢的判斷對手實力，如杖而立者，饑也；汲而先飲者，渴也。〈九地篇〉中士兵的戰場心理狀態分析，如「深入則專」、「深入則拘，不得已則鬥」，在這種情況中，士兵自然「不修而戒，不求而得，不約而親，不令而信」，故深入敵境時，相信人在恐懼中求生存，人心理一定會有如此的反應，《孫子》能精確的分析，令人折服。

2. 歸　納

　　將五事歸納出有那些事情，如「道者，令民與上同意，可與之死，可與之生，而民不畏危也」。這種直接歸納出答案，讓人一目了然，乾淨俐落，在兵法上他算獨出一幟的。《孫子》往往用歸納法做出勝負的結論，也是令人佩服的，如〈始計篇〉中的「凡此五者，將莫不聞，知之者勝，不知者不勝」、「吾以此知勝負矣」、「將聽吾計，用之必勝；將不聽吾計，用之必敗」、「吾以此觀之，勝負見矣」。這些武斷自負之言，卻也千古難易，若非歸納之精確，孰敢下此斷語，《孫子》之為孫子，所以在軍事領域中，歸納的功夫，後人是難望其項背的。

3. 綜　合

　　《孫子》在分析歸納後，最後作結論時，他就會用「故」這個字來說明，如〈作戰篇〉之結尾：「故兵貴勝，不貴久。故知兵之將，民之司命，國家安危之主也」。他是綜合前面各項資料，做出結論性之判斷，往往這些結論性之判斷，都成了兵法上的千古名言，至今難改一字，如〈作戰篇〉中：「兵聞拙速，未睹巧之久也。夫兵久而國利者，未之有也」。這句話就是真理，至今誰能說它不對，可見《孫子》對戰爭的認知程度，若人皆如此，人類可能早已遠離戰禍了。

4. 量　化

　　前之「五事七計」，地生度至稱生勝等，這都是量化的結果，讓人可立刻可作比較，勝負方得明朗，國君取捨之間，亦有所依憑，為人臣者本當如此。

〈作戰篇〉亦云：「馳車千駟，革車千乘，帶甲十萬」、「百姓之費，十去其七；公家之費，破車罷馬，甲冑矢弩，戟盾蔽櫓，丘牛大車，十去其六」。又「故智將務食於敵，食敵一鍾，當吾二十鍾；萁稈一石，當吾二十石」。這些亦都是量化，另外〈虛實篇〉的「我專而敵分，我專爲一，敵分爲十，是以十攻其一也」。直接用數字來說話，這是最具說服力的。

5. 不迷信

〈九地篇〉中有：「禁祥去疑」。〈用間篇〉中：「故明君賢將，所以動而勝人，成功出於眾者，先知也。先知者，不可取於鬼神，不可象於事，不可驗於度，必取於人，知敵情者也」。在國之大事唯祀與戎的時代，大事必求神問卜，這是顯而易見的，戰爭靠卜卦當然是盛行的，但《孫子》科學觀，不迷信，還充滿人本思想，打破當時傳統，這部分又是令人欽佩的。

第四節　《孫子兵法》思想之探討

一、愼戰、善戰思想

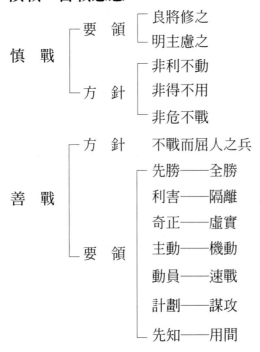

（上表採用王建東之《孫子兵法》七十二頁）

　　愼戰、善戰是《孫子》戰爭哲學的精華，《孫子》能將此二者融合爲一，因和平者言愼戰，好戰者言善戰。前者空談高調，謂人人應和睦相處，但別人刀槍相向，束手無策，況且如俄國托洛斯基所言：「你對戰爭不感興趣，戰爭卻對你深深感興趣」。後者窮兵黷武，個人成就放在戰場上來衡量，爭城爭地以戰，人爲魚肉，我爲刀俎，視人民如草芥，此二者皆偏而不正者，唯《孫子》將二者調和並相濟，看清人類矛盾心理，想要和平，又不能沒有武力，擁有武力卻破壞和平，春秋又是這種心理的寫照，《孫子》能將它們有系統的整理下來，將戰爭造成人類心理矛盾的根本問題，清楚的寫成這部兵法，提供了一個最佳的反省空間。

　　愼戰是「正」，善戰是「反」，善戰之善者，不戰而屈人之兵是「合」，這利用黑格爾的辯證法，適足以說明《孫子》已有其辯證觀念，其實這樣說比較正確，先是「治」，這是「正」治久人心浮動，開始有反對聲浪，漸漸成多數（量變），終至「亂」起互相爭奪（質變），這是「反」，待定於一尊時，又回到「正」。其實中國歷代不是如此嗎？一治一亂，治亂相迭；分久必合，合久必分，中國這套政治哲學，似乎歷代難逃此定理。

　　首先看愼戰，《孫子》於〈始計篇〉開宗明義就說明：

　　　兵者，國之大事，死生之地，存亡之道，不可不察也。

這是標準的愼戰思想，這種思想充滿全篇，如〈作戰篇〉有：

　　　夫兵久而國利者，未之有也。

〈謀攻篇〉有：

　　　凡用兵之法，全國爲上，破國次之；全軍爲上，破軍次之；全旅爲
　　　上，破旅次之；全卒爲上，破卒次之；全伍爲上，破伍次之。上兵
　　　伐謀，其次伐交，其次伐兵，其下攻城。

〈軍形篇〉有：

　　　昔之善戰者，先爲不可勝，以待敵之可勝。

幾乎每篇皆可看到愼戰之論，尤其〈火攻篇〉最後一段記載：

　　　夫戰勝攻取而不修其功者，凶。命曰費留。故曰：明主慮之，良將
　　　修之。非利不動，非得不用，非危不戰。主不可以怒而興師，將不
　　　可以慍而致戰；合於利而動，不合於利則止。怒可以復喜，慍可以
　　　復悦，亡國不可以復存，死者不可以復生。故明主愼之，良將警之。
　　　此安國全軍之道也。

把愼戰之指導方針，即「非利不動，非得不用，非危不戰」。能清楚的說明出來，在要領上也告之要「明主愼之，良將警之」。由此看出《孫子》對「愼戰」是眞正做到要謹愼小心面對它。

未戰之先即重「愼戰」，在面對戰爭時同樣也是如此，故其在首篇即提出「廟算」之主張，這就是現代戰爭之所謂三軍聯合作戰之參謀本部，所召開的作戰會議，在所有敵我情勢判斷中，找出對我成功公算最大的地方，作出對我有利的作戰方針。

另外《孫子》主張戰備、先知、不戰而屈人之兵和謹愼用兵。他說：「無恃其不來，恃吾有以待之；無恃其不攻，恃吾有所不可攻」。（〈九變篇〉）此即戰備。又說：「知彼知己，百戰不殆；不知彼而知己，一勝一負；不知彼不知己，每戰必殆」。（〈謀攻篇〉）此即預先察知敵情的先知。又說：「百戰百勝，非善之善者也」。主張不輕易用兵，避免用兵打仗，上兵是伐謀的，最下是攻城。

愼戰思想是具有普遍指導戰爭的意義，不受時空的限制，遵循此一思想，在保國安民上，仍然是大家追求的。

至於善戰，他提到「善戰者」或「善用兵者」，共有十一次之多，所謂善戰即是會打仗，會打仗的人不是逞一時之快，第一是要懂得戰理，而後要能掌握戰機及瞭解士兵心理素質，然後於敵我對抗中，運用原則，應敵於無窮，如其所言：「無窮如天地，不竭如江河」、「如循環之無端，孰能窮之哉」，故能「因敵制勝」，在「眾人皆知我所以勝之形，而莫知我所以制勝之形」之下，戰無殆也。

二、知彼知己的思想

這是指導戰爭的不朽哲理。「知彼知己，百戰不殆」。不論是戰略上的，或戰術上的，都要遵循知彼知己的規律去做，否則，「不知彼不知己，每戰必敗」。這在戰爭中是必然的。

在首篇他就強調「廟算」，從「五事」、「七計」中判斷敵我雙方有形、無形力量；再從「計利以聽，乃爲之勢，以佐其外」，對國際情勢也作全盤規畫，最後知道多算勝，少算不勝之理。

我們再從他兵法中對「知」敘述如下：

故知勝有五：知可以戰與不可以戰者勝。知眾寡之用者勝。上下同欲者勝。以虞待不虞者勝。將能而君不御者勝。此五者，勝之道也。

故知彼知己，百戰不殆；不知彼而知己，一勝一負；不知彼不知己，
每戰必敗。（謀攻）

孫子曰：昔善者，先為不可勝，以待敵之可勝；不可勝在己，可勝
在敵。故善戰者，能為不可勝，不能使敵可勝。故曰：勝可知，而
不可為也。（軍形）

知戰之日，知戰之地，千里而戰；不知戰之日，不知戰之地，則前
不能救後，後不能救前，左不能救右，右不能救左；況遠者數十里，
近者數里乎？以吾度之，越人之兵雖多，亦奚益於勝哉！故曰：勝
可為；敵雖眾，可使無鬥也。（虛實）

故作之而知動靜之理，形之而知死生之地，計之而知得失之策，角
之而知有餘不足之處。形兵之極，至於無形；則深間弗能窺也，智
者弗能謀也。因形而措勝於眾，眾不能知，人皆知我所以勝之形，
而莫知吾所以制勝之形。故其戰勝不復，而應形於無窮。（虛實）

不知諸侯之謀者，不能預交；不知山林、險阻、沮澤之形者，不能
行軍。（軍爭）

知吾卒之可以擊，而不知敵之不可擊，勝之半也。知敵之可擊，而
不知吾卒之不可以擊，勝之半也。知敵之可擊，知吾卒之可以擊，
而不知地形之不可以戰，勝之半也。故知兵者，動而不迷，舉而不
窮。故知彼知己，勝乃不殆；知天知地，勝乃可全。（地形）

故明主賢將，所以動而勝人，成功出於眾者：先知也。先知者，不
可取於鬼神，不可象於事，不可驗於度，必取之於人，知敵之情者
也。（用間）

　　從上可知戰爭是優勝劣敗的，他已經知道死者不可以復生，亡國不可以
復存的道理，所以再戰事中，他採取的是絕對優勢主義，在沒有優勢底下，
一定不能冒然開戰的，所以併力「料敵」最重要，故反之必「擒於人」。他這
「知彼知己，百戰不殆」思想，乃是經過對戰爭各種狀況的綜合、分析、比
較、歸納而做出來的結論，是科學的，所以至今軍事家奉為圭臬。

三、不戰而屈人之兵的思想

　　孫武在〈謀攻篇〉指出：「是故百戰百勝，非善之善者也；不戰而屈人之

兵，善之善者也。」俗話說「殺人一千，自損八百」。用強大的武力造成一種威懾的態勢，使敵人屈服、講和或無條件投降，這是正義之師應取得的勝利果實。但古往今來在民族的正義戰爭中，儘管敵人如何強大，也不屈服，與陣地共存亡的例子，也所在多有。

孫武的「不戰而屈人之兵」，並非一意寄託在強大的威懾力量的基礎上的。他有「十則圍之，五則攻之」的原則（〈謀攻篇〉）。敵弱我強，包圍進攻，敵人若不投降，只有被殲滅，如此「不戰而屈人之兵」乃順理成章，不足為奇。孫武此說，應是在敵強我弱之下而言的。

例如秦晉兩霸圍攻弱小的鄭國，鄭國在行將滅亡之際，謀臣燭之武，以外交辭令，說服了秦穆公，拆散了兩國同盟，晉文公迫于形勢，也只好撤兵。這是典型的「不戰而屈人之兵。」

稍後的宋國大臣向戌提出弭兵大會，中心目的是反對戰爭。向戌運用了巧妙的謀略；把晉楚兩霸納入這個弭兵大會之中。使處于兩大國之間的許多小國，在四十年內，未受戰爭之禍。這是「不戰而屈人之兵」的傑作。《孫子兵法》指出：「上兵伐謀，其次伐交，其次伐兵，其下攻城。」在以弱對強而運用謀略或外交取勝，才是「不戰而屈人之兵」的真諦。

四、先勝、全勝的思想

《孫子》說：「勝兵先勝而后求戰，敗兵先戰而后求勝。」打勝仗的軍隊，總是在廟算之中，充分分析敵我雙方的利弊條件，有了把握，才發動進攻。強調掌握主動，一個軍隊失去了主動權，就會處于被動地位，就有被打敗的危險。唐初李靖說：「孫子一書千章萬句，不出乎『致人而不致于人』而已。」

孫武提出：「故用兵之法，無恃其不來，恃吾有以待也；無恃其不攻，恃吾有所不可攻也。」（〈九變篇〉）這是作為一位統帥所必須優先考慮的問題。國家無論大小，這道理都一樣，沒有準備，即使人口多的大國也不可靠。居安思危，有備無患。也就是「先為不可勝」的思想。「先為不可勝」的哲理，以「恃吾有以待也」、「恃吾有所不可攻也」作為指導原則。「先為不可勝」的構思，須從戰爭全局進行深思熟慮，也即戰略防禦的思想與實踐。

《孫子》曰：「昔之善戰者，先為不可勝，以待敵之可勝。不可勝在己，可勝在敵。故善戰者能為不可勝，不能使敵必可勝。」先做到有效的保存自己，才能捕捉時機，消滅敵人。不可勝者守也。嚴密防止，不給敵人可乘之

機，善守者藏于九地之下，要使敵人看不見、摸不著，使敵人疲於奔命。可勝者攻也。善於捕捉敵人的弱點和漏洞，從而發起進攻。孫子說：「善戰者，先立於不敗之地」，實際就是把不可勝的態勢先擺上，先決條件上敵人已無法打敗我了，只要等待敵人敗象一露，抓住戰機，一舉成功而已。

五、重視經濟思想

　　《孫子》強調戰爭不只是軍事和政治的競賽，也是經濟的競賽。戰爭要以經濟實力作後盾。戰爭費用龐大，作戰計畫要建立在能力及範圍所及之內。戰爭的發展，往往超出人的預想，需要大量的財力、物力、糧草、裝備。如進入敵國作戰，負擔很大，《孫子》提出了「因糧于敵」的策略。要從敵方補充提供糧草補給。《孫子》說：「智將務食於敵，食敵一鍾，當吾二十鍾」、「掠于饒野，三軍足食」。從戰爭與經濟關係看「因糧于敵，取用于敵」，既減少了敵方的物資，又補給了自己的需要，免除了運輸的耗費，顯然是極為有利自己的策略。

　　總之，《孫子》的兵學思想，雖在為國君打勝仗而獻計，卻不以助長戰爭為目標。主張慎戰，不輕易發動戰爭，其重點不在善戰，也不是建軍、備戰、用兵，而是要修明政治，寬以待眾，使全國上下同心同德的「修道」，要健全和加強法制，以保證官吏清廉和軍隊建設的「保法」，要輕徭薄役，使民休養生息的「富民」。修道、保法、富民三者對於國治兵強，相輔相成，也即由軍事追溯到政治並擴及經濟領域。

六、重視外交思想

　　外交活動，外交活動是為政治服務，而軍事活動又受政治活動左右。《孫子·謀攻篇》指出「上兵伐謀，其次伐交。」打謀略仗與外交戰是一體兩面。打謀略仗靠外交戰配合而使得戰爭取得勝利，打外交戰，要靠謀略作指導。他說：「是故不知諸侯之謀者不能豫交。」未明白對方企圖時，就無法預定自己的外交方針。打外交戰，是爭取與國，壯大聲勢。

　　四通八達之地理要衝，軍事要地，他是強調「衢地合交」的。尤其需要借道往來，若無外交支援，這戰爭是無法進行的，所以「不爭天下之交，不養天下之權」，表面上是否定的，實際上是一種策略運用，培養自己實力，等到實力堅強壯大時，自然人家來爭交於你，這才是真正的目的。

第五節 《吳子》其人其書

一、《史記》描述

吳起為衛國人，喜好用兵，曾學於曾子，事魯君。齊人攻魯時，魯君使吳起為將，然而吳起之妻為齊女，魯人疑吳起之忠誠。於是吳起欲就其位，遂殺其妻，以明不與齊交好。魯君信之，用吳起為將舉兵大破齊軍，而聲名大振。

魯人有些討厭吳起，讒於魯君，說其為猜忌殘忍之人。言其「少時家累千金游仕不成，而散破家財，遭鄉人笑，吳起於是殺其謗己者三十餘人，然後準備逃亡他鄉，當與其母訣別時，咬著自己手臂而發誓：「起不為卿相，不復入衛」。於是事曾子，因起母死而不奔喪，曾子怒而與其斷絕師生關係。於是學兵法以事魯，魯君疑其殺妻以求將，有人謂魯君曰：「魯小而有戰勝之名，則諸侯將圖之，且魯、衛為兄弟之國，用起，是傷害魯衛之交的。」，魯君信之，始疑吳起之為人，乃疏遠之。

魏文侯賢，吳起聞之欲事之而見文侯，文侯問李克曰：「吳起何如人哉？」李克曰：「起貪而好色，然用兵司馬穰苴不能過也。」於是魏文侯以吳起為將，擊秦，拔之五城。

吳起為將，與士卒下者同衣食，臥不設席，行不騎乘，親裹贏糧，與士卒分勞苦。一次，有卒病疽者，吳起為之吮瘡，卒母聞之而哭，有人曰：「子卒也，而將軍自吮其疽，何哭為？」母曰：「非然也。往年吳公吮其父，其父戰，不旋踵遂死於敵。吳公今又吮其子，妾不知其死所矣。是以哭之。」

文侯以吳起善用兵，又清廉公平，所以盡得軍心，於是以為西河守，以拒秦、韓。

文侯既卒，起事其子武侯。武侯浮西河而下，至中流時，回頭對吳起說：「美哉乎山河之固，此魏國之寶也」。起諫之在德不在險，其中說明三苗氏德義不修、夏桀修政不仁、殷紂修政不德等等，故在德不在險，所以告知曰：「若君不修德，則舟中之人盡為敵國也。」

魏置相，相田文，吳起為西河，甚有聲名，自認彼為己下而心中不悅，乃與之論功曰：「將三軍，使士卒樂死，敵國不敢謀，子孰與起？」，「治百官，親萬民，實府庫，子孰與起」？「守西河而秦兵不敢東鄉，韓、趙賓從，子孰與起」？三問田文皆對以「不如子」。起曰：「此三者，子皆出吾下，而位

加吾上，何也」？文曰：「主少國疑，大臣未附，百姓不信，方是之時，屬之於子乎？屬之於我乎」？起默然良久，乃曰：「屬之子矣」。文曰：「此乃吾所以居子之上也」。於是吳起自知弗如田文。

田文死，公叔繼爲相，尙魏公主，而害吳起。公叔之僕曰：「起易去也」。乃設計退之。僕曰：「吳起爲人節廉而自喜名也。君因先與武侯言曰：『夫吳起，賢人也，而侯之國小，又與強秦壤界，臣竊恐起之無留心也』。武侯即曰：『奈何？』君因謂武侯曰：『試延以公主，起有留心則必受之，無留心則必辭矣，以此卜之』。君因召吳起而與歸，即令公主怒而輕君。吳起見公主之賤君也，則必辭」。吳起見公主之賤魏相，果辭武侯，武侯遂疑之而不信也。吳起懼得罪，遂去，由魏之楚。

楚悼王素聞起賢，至則相楚。吳起謂楚王曰：「荊所有餘者，地也；所不足者，民也。今君王以所不足益所有餘，臣不得而爲也」。於是變法於楚，明法審令，捐不急之官，廢公族疏遠者，以撫養戰鬥之士，要在強兵，破馳說之言縱橫者。於是南平百越；北并陳、蔡，卻三晉，西伐秦。諸侯患楚之強。但變法棄公族，害貴族之利，楚之貴戚盡欲害吳起。

當王錯譖吳起於武侯，武侯使人召之，退其守於西河之職。吳起至岸門，乃止車望西河，泣數行而下，其僕問何也，起抿泣而應之曰：「子不識。君知我，而使我畢能守西河。今君聽讒人之議，而不知我，西河之爲秦取不久矣！」

昔吳起退西河而泣其不能保，今相楚，楚日強，而秦亦日壯，乃侵西河之地，盡入秦。故明起之先知而泣也。

及至悼王死，宗室大臣作亂而攻吳起，起走之王尸而伏之。擊起之徒因射刺吳起，并中悼王。楚國有法，麗兵於王屍者，盡加重罪，逮三族。太子立，悼公葬，乃使令尹盡誅射吳起并中王屍者，坐射起而夷宗死者七十餘家。

當是時，吳起實施變革，「明法審令，捐不急之官」，於是南平百越，北併陳蔡，卻三晉，西伐秦，使楚國聲威大振，然而卻因此得罪了貴族大臣。結果悼王一死，吳起從前線回國奔喪，貴族乘機將其亂箭射死。但吳起處理自己的死，卻頗有耐人思考之處。貴族射殺吳起時，吳起呼號：「吾示子吾用兵也」。於是拔起身上的箭，插在悼王的屍體上，並伏在悼王身上，喊著：「群臣亂王，吳起死矣。」依楚國法令，加害國王屍體是重罪，故太子即位後，射殺吳起的貴族也都因罪坐死，累及三族，共牽連了七十多家 。吳起受害時也同時爲自己報了仇，其智堪謀，其德堪嘆！誠司馬遷所云：「刻暴少恩亡其軀」。

二、他書記載

另它書所記吳起事蹟，可併而觀之，欲更加了解其人，不亦可乎。

《呂氏春秋・愼小》有云：吳起治西河，欲諭其信於民，夜日置表於南門之外，令於邑中曰：「明日有人償南門之外表者，仕長大夫。」明日日晏矣，莫有償表者。民相謂曰：「此必不信」。有一人曰：「試往償表，不得賞而己，何傷？」往償表，來謁吳起。吳起自見而出，仕之長大夫。夜日又復立表，又令於邑中如前，邑人守門爭表，表加植，不得所賞，自是之後，民信吳起之賞罰。何是不成，豈獨兵乎！

《韓非子・內儲說上》又云：吳起爲魏武侯西河之守，秦有小亭臨境，吳起欲攻之，不去，則甚害田者；去之，則不足以徵甲兵。乃倚一車轅於北門之外，而令之曰：「有能徙此南門之外者，賜之上田上宅」。人莫之徙也，及有徙之者，還，賜之如令。俄又置一石赤菽東門之外，而令之曰：「有能徙此於西門之外者，賜之如初」。人爭徙之。乃下令曰：「明日且攻亭，有能先登者，仕之國大夫，賜之上田宅」。人爭趨之，於是攻亭，一朝而拔之。

《尉繚子・武議》中載，吳起與秦戰，舍不平隴畝，樸嫩蓋之，以蔽霜露，如此何也？不自高人故也。

又吳起與秦戰，未合，一夫不勝其勇，前獲雙首而還。吳起立斬之。軍吏諫曰：「此材士也，不可斬」！起曰：「材士則是也，非吾令也」。斬之。

《荀子・堯問》載：魏武侯謀事而當，群臣莫能逮，退朝有而有喜色。吳起進曰：「亦嘗有以楚莊王之語聞於左右者乎」？武侯曰：「楚莊王之語何如」？吳起對曰：「楚莊王謀事而當，群臣莫逮，退朝有而有憂色。申公巫臣進問曰：『王朝而有憂色何也』？莊王曰：『不穀謀事而當，群臣莫能逮，是以憂也。其在仲虺之言也，曰：「諸侯自爲得師者王，得友者霸，得疑者存，自爲謀而莫己若者亡」。今以不穀之不肖，而群臣莫吾逮，吾國幾於亡乎！是以憂也』。楚莊王以憂，君以喜」！武侯逡巡再拜曰：「天使夫子振寡人之過也」。《吳子・圖國》篇末亦載此事。

三、其書內容要點

《吳子》一書究竟何人所著，頗有爭議。《漢書藝文志》記載《吳子》共四十八篇，《隋書・經籍志》記爲一卷，宋晁公武《郡齋讀書志》記爲三卷，現存《吳子》則只有六篇。宋王應麟說：「《隋志》《吳起兵法》一卷，今本三

卷六篇，圖國至勵士，所闕亡多矣」。由此可知王氏所見與今本應相同，《吳起兵法》原貌，在當時應多有佚失了。有人認為是吳起所作；有人認為是吳起的門人或幕僚筆錄而成；有人認為是戰國時人掇拾成篇；清代以來認為是後人偽托或雜抄而成 。凡此紛紜之說詞，幾乎適用於先秦諸子之書，歷代雖多人考證而莫衷一是，故不再為此辯證。現存的《吳子》一書源於吳起，當然經過前人的加工潤色，現原貌難尋。但無論如何都是前人留下的寶貴遺產，值得我們繼承並研究學習的。

《吳子》大概成書於吳起任西河郡守之時。據史籍記載，另有《吳起玉帳陰符》三卷、《吳起教戰法》等書，唯已佚失。現在看到的《吳子》 主要是《續古逸叢書》影印宋本及明清刊本，全書計分圖國、料敵、治兵、論將、應變、勵士六篇。內容含治國治軍基本原則及實際運用。

（一）圖國篇

本篇所論為一國之主，應如何富國強兵之道。首論教百姓親萬民之道，次論國事興衰之源；三論明恥教戰；四論戰爭之類別區分；五論治兵料人固國之道；六論陣必定、守必固、戰必勝的方法；七論人主應謙虛不得有驕傲之心。

圖國就是籌劃治理國家。吳起在本篇提出了治國的主張：「內修文德，外治武備」，兩者必須兼顧，不可偏廢。所謂「內修文德」，就是要做到「必先教百姓而親萬民」，「綏之以道，理之以義，動之以禮，撫之以仁。」即教育官吏用「四德（道、義、理、仁）」來引導、管理、動員和安撫民眾。所謂「外治武備」，就是強調要建立一支「內出可以決圍，外入可以屠城」的強大軍隊。吳起還強調用人要「使賢者居上，不肖者處下」，要使民眾做到「民安其田宅，親其有司」，使他們都擁戴國君，反對敵國。如此，則「陣必定，守必固，戰必勝」了。

通篇以戰勝為主，但凡帶兵，先要把國家治理好，施行教化，故「昔之圖國家者，必先教百姓而親萬民」萬民親，自知其主愛之，則可使之以榮死生辱，「民知君之愛其命，惜其死，若此之至。而與之臨戰，則士以進死為榮，以退生為辱矣。」將帥要修身，使能有德而威信天下，「聖人綏之以道，理之以義，動之以禮，撫之以仁」，自能修身，則可以化民以禮義，使之有恥，有恥則可戰可守，「凡制國治軍，必教之以禮，勵之以義，使有恥也。夫人有恥，在大足以戰，在小足以守矣。」

能戰能守，國不可以不和，不和則不足以戰，「有四不和：不和於國，不

可以出軍；不和於軍，不可以出陣；不和於陣，不可以進戰；不和於戰，不可以決勝。」四者皆和，然後出師有名。吳子指出，出師因由有五：爭名、爭利、積惡、內亂、因饑；又兵有五類，曰：義兵、強兵、剛兵、暴兵、逆兵。此五兵之服，」「各有其道」，用禮、謙、辭、詐、權來服之。

國有法，將有德，兵能和，出師有名，則使之聚爲一卒。因民之才能組織，然後加以訓練，至「陳必定，守必固，戰必勝」則可用。賞罰按功而劃一，則陳必定；倉庫充實而無憂，則守必固；士民親於國而效忠一心，則戰必勝。「君能使賢居上，不肖者處下，則陳已定矣。民安其田宅，親其有司，則守已固矣。百姓皆是吾君而非鄰國，則戰已勝矣」。又戰勝易，守勝難，「數勝得天下者稀，以亡者眾」。所以不能窮兵黷武，以免得之反失之。

（二）料敵篇

本篇係吳子與魏武侯對敵情判斷的研討。首論其餘六國的國情；次論對敵應戰及趨避的戰法；三論觀察敵人內外進止的動態，以決定作戰原則；最後論攻擊敵人的時機。

料敵就是分析判斷敵情。吳起針對魏國被其餘六國包圍的地理環境，首先提出「安國家之道，先戒爲寶」的總方針，認爲先要加強戒備，才能保障國家安全。吳起在本篇對各國的政治、經濟、軍事、地理條件、民情風俗、軍隊素質和陣法特點等情況，進行綜合的分析和判斷，從而提出對付六國的不同作戰方針和方法。在作戰指揮上，吳起主張「審敵虛實而趨其危」，並根據有利和不利的條件，「見可而追，知難而退」，每戰要有必勝的把握。

（三）治兵篇

本篇包括行軍、作戰、用兵、帶兵應注意的原則。首論用兵之道應先明「四輕、二重、一信」的道理；次論勝戰之道；三論行軍之道；四述將領指揮作戰應勇敢果決；五述教育戒備之要；六論教戰之令；七論三軍進止之道；八論戰馬的飼養、調教與使用。

治兵就是治理軍隊。吳起認爲，「兵不在眾」，而要「以治爲勝」。他強調法令嚴明，賞罰有信，愛護士兵，內部團結，這樣軍隊就能「投之所往，而天下莫當」。他主張治軍要「教戒爲先」，加強教育訓練，包括軍事基礎訓練和戰備行動訓練，使全軍上下都熟悉各種戰法。吳起還指出，將領用兵必須迅速果敢，切忌優柔寡斷。其「用兵之害，猶豫最大；三軍之災，生於狐疑」

已成至理名言 。

（四）論將篇

本篇首論將領應具的條件；次論將領應知的兵機；三論將領應具的威嚴；四論將領在戰爭中的重要性；五論觀察敵將的具體方法。

論將就是論述良將的標準、將領的職責，以及觀察敵將的意義和方法。吳起主張將領要「總文武」、「兼剛柔」，具有理、備、果、戒、約五種軍事素質，在作戰指揮上要熟練掌握氣、地、事、力「四機」，並能嚴格治軍，做到「施令而下不敢犯，所在而寇不敢敵」。他認為，「凡戰之要，必先占其將」。他把敵將分為智、愚、貪、驕、疑等類型，主張針對敵將的特點，採取不同對策 。

（五）應變篇

本篇係魏武侯根據各種情況提出九個想定，命吳起解答。內容包括：如何應付遭遇戰？如何以寡擊眾？如何攻擊強敵？如何應付奇襲？如何應付山地戰？如何應付水戰以及氣候惡劣時如何車戰？如何對付暴敵？最後申論作戰的軍紀事宜。

應變就是善於應付各種情況的變化，靈活運用戰法。吳起主張臨敵作戰，要根據不同敵情、天氣、地形環境等，審時度勢，運用靈活多變的戰法。他從實戰中總結出相應戰法，如谷戰之法、水戰之法、車戰之法等，以及在敵強我弱、敵眾我寡、進退兩難等不利態勢下，如何扭轉局面，變被動為主動，從而消滅敵人的具體措施。凡此均顯示吳起臨敵應變的作戰術經驗。

（六）勵士篇

本篇首對嚴刑明賞提出評論；次論榮譽心的激發及培養士氣的方法。

勵士就是鼓勵將士殺敵立功，吳起主張：軍隊要想打勝戰，除了嚴明刑賞之外還不夠，還要使全體將士「發號布令而人樂聞、興師動眾而人樂戰、交兵接刃而人樂死」才行。其具體作法就是要「舉有功而進饗之，無功而勵之」，並撫卹為國捐軀的家屬，以激勵將士奮勇殺敵。將士有了旺盛的企圖心，則「一人投命，足懼千夫」，可以產生強大的戰鬥力，而克敵致勝 。

第六節　《吳子兵法》中的基本觀念

兵法似也有廣狹二義。廣義，是指上自戰爭目的起，中經武裝整備、教

育訓練，下至在戰場上的指揮運用爲止全部包含在內。狹義，則專指在戰場用兵的多寡虛實，奇正分合之道。吳子兵法則很顯然是屬於廣義。

《吳子》六篇與《孫子》十三篇比較，在義蘊上，前者似不如後者精奧；在文彩上，後者較前者又似更爲優美。但《吳子》書中的費解之處，亦不如《孫子》書中之多。二者各有所長，正可互相印證，資爲補助。就戰爭學而論，在內容上，《孫子》似是幅度較狹而深度較大，《吳子》則幅度較廣而深度較小。換言之，《孫子》所論是兵力運用的成分較重，戰爭準備的成分較輕。《吳子》所論，則是戰爭準備的成分較重，兵力運用的成分較輕。此乃就全般輪廓的比例而言，並非說《孫子》只談兵力運用而《吳子》只論戰爭準備也。

基本觀念是一切措施方法的前提，亦即所謂「思想爲事實之母」的意思。談某人的觀念自應以某人的著述，或其最直接的紀述爲準。不能由第三者隨意捏造。如談孔子的觀念必不能捨棄《論語》，談孟子的觀念必不能捨棄〈〈梁惠王〉〉等七篇。

今談《吳子》的基本觀念：只好以兵法六篇與史書記述爲準。如果說這一本書或其他記載根本就是假的，那就也無從談起了。談觀念，必要引證原著原文。因以後還有原著的註譯之部，故此段中所引原文不預作透支的解釋，以免重復。

《吳子》在六篇中所示之基本觀念如下。

一、在就戰爭目的而言

是要爲順天應人弔民伐罪而戰。

此爲中國歷代聖哲的共同觀念，尤其是孔門的正宗主義中之重要一環。吳子之後的孟子更爲強調而大事發揮。必須「綏之以道，理之以義，動之以禮，撫之以仁」。因之，「成湯討桀而夏民喜悅，周武伐紂而殷人不非」，所以如此，是因湯武之師「舉順天人」之故。在「禁暴救亂曰義，恃衆以伐曰強」的標準下，戰爭是爲伸張公義而舉的。

二、在就精神物質的比重而言

是無形勝有形，在德不在險。

所謂比重是就本末先後而言，並無只要無形不要有形，只顧道德不顧力量之意。「民知君之愛其命，惜其死，若此之至，而與之臨難，則士以進死爲

榮，退生爲辱矣」、「在德不在險，若君不修德，則舟中之人盡爲敵國者也」。這都說明精神層面引導人民奮進之心，君有仁德之心，愛惜百姓，百姓在國家有難時，必挺身而出，當然堅甲利兵的外在裝備還是要有的。

三、在就國防準備而言

有以下數項。

（一）文修武備，任賢使能

純剛純強，其國必亡，純柔純弱，其國必削。恃眾好勇固不可，修德廢武亦無濟。仁義與甲兵，必須相輔而成。「必內修文德，外治武備。故當敵而不進，無逮於義矣；僵屍而哀之，無逮於仁矣」。

國家能任賢使能、俊傑在位，必定能各盡其力，各盡其職，如此，人民亦必能安居樂業各遂其生，如此，百姓與政府亦必能同甘同苦，共憂共樂，精誠團結一致對外。先奠定了基礎，再進行次一步驟。「君能使賢者居上，不肖者處下，則陣已定矣。民安其田宅，親其有司，則守已固矣。百姓皆是吾君而非鄰國，則戰已勝矣」。

（二）教禮勵義，先和後戰

民生樂利，只是一個前題而已。飽食暖衣逸居而無教，則近於禽獸，雖有共赴國難之心，然而「以不教民戰，是謂棄之」，孔子早有明訓。「凡制國治軍，必教之以禮，勵之以義，使有恥也。夫人有恥，在大足以戰，在小足以守矣」。

有恥，是個人德性方面的氣節問題。是戰勝的基本條件。戰爭之事，步調一致、協同合作，是不可或缺的要素，這形諸表面的合，乃發之於藏於內部的和。「昔之圖國家者，必先教百姓而親萬民」、「不和於國，不可以出軍……不和於戰，不可以決勝。是以有道之主，將用其民，必先和而造其大事」。其實早有明訓：「師克在和，不在眾」，安內本是攘外的前提。

（三）戒慎為先，臨事而懼

戒慎恐懼也是孔門遺訓，但其中含有更深遠的意義，與日常所謂猶疑不決、畏首畏尾，不能混為一談。戒慎是審之於初而不輕舉妄動，不剛愎自用而恃智自雄；恐懼是因危疑而不懈惰、不驕狂、不輕敵、不恃勇之意。

「安國家之道，先戒為寶，今君已戒禍其遠矣」、「古之明王，必謹君臣

之禮，飾上下之儀，安集吏民順俗而教，簡募良材以備不虞」、「夫總文武者，軍之將也，兼剛柔者，兵之事也。凡人論將常觀於勇。勇之於將，乃數分之一耳。夫勇者必輕合，輕合而不知利，未可也」。此街說明戰爭非比尋常，很可能身家性命不保，甚而宗廟社稷不存，這種戒慎恐懼是必要的。

（四）精兵主義，以治為勝

其在精而不在多，師克在和而不在眾。這兩句話之間是有互相滲透之意義的。精中有和，和中也含有精。如咬文嚼字，則精字偏重於訓練，和字則偏重於教育。如果既不和而又不精，只好一敗塗地，覆軍殺將以國予敵了。精與和的總根本又落在一個「治」字之上。「以治為勝」。「若法令不明，賞罰不信，金之不止，鼓之不進，雖有百萬何益於用」？

「所謂治者，居則有禮，動則有威，進不可當，退不可追，前卻有節，左右應麾……投之所往，天下莫當，名曰父子之兵」。終歸軍隊訓練以治為要，兵法亦常言以治待亂，故軍隊有眾烏合，雖多奚為？

四、在就對勝利的評價而言

是戰勝易而守勝難。戰勝即克服敵人使其覆軍殺將、喪師失地、喪權辱國。守勝即於戰勝之後，能長期保持既得的成果利益而不再失去。前者是短時的，而且因素比較簡單，軍事關係為主而較大。後者是長期的，因素也較複雜，政治關係為主而較多。因此，吳子對此下了斷語，是「戰勝易、守勝難」。他這句話，真是言簡義賅。在別的書上這個意思是有的，但要左承右轉說好多句話，才表達出來，而這一個短句卻未曾明寫，讓人有呼之欲出的感覺。吳子卻直截了當的寫了出來，儘管未必準是他自己寫的。就憑這一句話，無論在義理上、文章上，他也可以不朽了。

「然戰勝易，守勝難。故曰，天下戰國五勝者禍，四勝者弊，三勝者伯，二勝者王，一勝者帝。是以數勝而得天下者稀，以亡者眾」。因為這次戰爭往往為下一次戰爭埋下種子，也就是冤冤相報，所以如何讓戰爭「慎始慎終」，這是重要的課題，不然吳子就不會說出「戰勝易、守勝難」了。

以上是將《吳子》兵學中的基本觀念與中心思想，作一概要介紹。其中除了「在德不在險」一語，首見於《史記》，再見於《資治通鑑》之外，其他古籍中則內含此意，而文字則無如此明白彰顯。至其他部分則全出自兵法六篇之中。

「在德不在險」，這是加重加強表明德第一而險次之，德者本也，險者末也的意思。以後孟子說的「域民不以封疆之界，固國不以山谿之險，威天下不以兵革之利」。雖然整句沒有說明德政的如何，實際上是要行德政，在儒家的立場一向是如此的，爲政者應文德武備兼具的。〔註2〕

第七節 《吳子兵法》中的應用要領

應用要領是相對於基本觀念之實現、不落空，而更進入一步的具體作爲。當然，此中的層次、格位難以斷然劃清限界，見仁見智在所不免。但大體上總有顯而易見的差別。簡而言之，基本觀念是偏重於對此整個事件的想法、看法，與指明決定成敗的行爲關鍵所在，而不深入涉及具體手段。應用要領是以順應基本觀念所定的路餞爲前提，針對狀況，拿出較爲具體的方策，以達成基本觀念的要求。

《吳子》的基本觀念，主要是表顯於首篇「圖國」之內。以下各篇則多敘述應用要領。此亦就大概而論，不可拘執。

一、應用要領

（一）對敵情有精細的判斷後採制敵之道

吳起論六國之俗，充分看出他爲了研究了解列國的優劣長短，而預籌剋制之策。主要戰國之際，因利害關係變化多端，今日之敵，明日之友。戰而必勝，是彼此共有的企望。但不能不知彼。因之對於各國的國俗、民性，尤其政況、軍情，必須先有深刻了解，如其強弱得失、優劣長短之所在，從而研擬制服之道。此即今日所謂特定戰法。勝敗因素固有多端，而此一方面則極具決定性作用。我們先從《左傳》看一些關於敵情判斷的例子，說明觀察敵情的重要，吳起更將它發揚光大，看《左傳》之例。

（1）成公十六年：「甲午。晦。楚晨壓晉軍而陳（戰場在鄢陵，鄭地），軍吏患之……卻至（晉大夫）曰：楚有六間，不可失也。其二卿（子重、子反）相惡；王卒以舊；鄭陳而不整；蠻軍而不陳；陳不違晦（晦日爲兵家所忌）；在陳而囂；合而加囂，各顧其後，莫有鬥心。

〔註2〕 本節參考商務印書館，民國74年12月版，傅紹傑註譯《吳子今註今譯》，26至30頁。

舊必不良，以犯天忌，我必克之」。結果是晉勝楚敗。楚共王且被晉將射傷一目。

（2）襄公九年：「秦景公使士雅乞師於楚，將以伐晉。楚子（共王）許之。子囊（楚之令尹）曰不可。當今吾不能與晉爭。晉君（悼公）類能而使之，舉不失選；官不易方；其卿讓於善；其大夫不失守；其士競於教；其庶人力於農穡；商工皂隸，不知遷業。君明臣忠，上讓下競（尊官以禮相遜，卑官以力相勉）當是時也，晉不可敵，事之而後可。君其圖之。王曰，吾既許之矣，雖不及晉，必將出師。楚子師於武城，以爲秦援「。結果是秦人侵晉，晉因饑不能報也。

能認識敵方的優劣短長之處而採適宜的措施，知己知彼勝負易見。《吳子》書中特別描寫六國之俗，在此部分顯得特別突出，其他種兵書則少見。

「臣請論六國之俗：夫齊陳重而不堅，秦陳散而自鬥，楚陳整而不久，燕陳守而不走，三晉陳治而不用」。以上是綜合判斷，總論其優劣長短。

「夫齊性剛，其國富，君臣驕奢而簡於細民。其政寬而祿不均，一陣兩心，前重後輕，故重而其不堅」。以上分析所以重而不堅之故。

「擊此之道，乃三分之，獵其左右，脅而從之，其陳可壞」。這種的「擊此之道」，即是對齊軍作戰的特定戰法。其他列國，皆同此筆法而內容不同，不具引。

（二）兵有選鋒

> 故強國之君必料其民，民有膽勇氣力者聚爲一卒……能踰高超遠輕足善者聚爲一卒……棄城去守欲除其醜者聚爲一卒。此五者軍之練銳也。有此三千人，內出可以決圍，外入可以屠城矣。
>
> 然則一軍之中，必有虎賁之士，力輕扛鼎，足輕戎馬，搴旗取將必有能者。若此之士選而別之，愛而貴之，是謂軍命。其有工用五兵，材力健疾，志在吞敵者，必加其爵列，可以決勝。

文中有「練銳」、「軍命」，這表示除了全部軍隊都是精卒勁旅之外，還要有更精更勁的選鋒之士。以便在任何狀況之下，都能起領導性、決定性的作用。

（三）教法由少而眾戰法每變皆習

以不教民戰是謂以卒予敵。精誠團結萬眾一心，是絕不可缺的基本條件。然而也只是個基本條件而已。但並非充足條件。必須繼之以善教勤練。否則

極其大限，只能做到視死如歸共赴國難而已，對制勝敵人都無直接效果。

> 夫人常死其所不能，敗其所不便。故用兵之法教戒爲先。一人學戰
> 教成十人……萬人學戰教成三軍……圓而方之，坐而起之，行而止
> 之，左而右之……每變皆習，乃授其兵。是謂將事。

所謂每戰皆習，就是先要把士卒在戰場上，所當應用的陣式技藝，都能精嫻熟練。這當然還是一種基本動作。至於如何應用指揮，則有賴於各級軍官的臨機應變，但是士卒們的基本能力，如根本不夠水準。運用上即或已極具上乘妙算，也還是會有心餘力絀，徒成畫餅充饑之憾的。

此處所論，決無輕視萬眾一心共赴國難的意味，是就教練談教練，同爲一般人情事理，總是死於其所不能，敗於其所不便的。敵能而我不能，敵便而我不便，其下場不卜可知。

以上三項應用要領，在相對於基本觀念的階層而言，它們是比較低下一層，算是應用，算是要領。可是在應用要領本身之內，它們又是在國家應辦事務之中首當注意的要件了。換言之，它們又是應用要領中的基本了。即在應用要領之中，它們是首要當務之事。

（四）審虛實乘危弱而急擊之

上述第一項的擊此之道，所謂特定戰法，乃是專爲針對看齊、秦、楚、燕、趙、韓六國的特性而言。此種戰法其本身具有專用性，對齊者不便對秦，對秦者不便對楚。但它們並不否定一般性的通用原理，不過在運用一般性原理原則之時，還要看對其一國家作戰，再把對其一國的特定戰法特別留心加入進去。

任何軍隊都有優劣長短，所差者比例程度而已。在作戰經過當中更因諸種條件輻輳，有時呈出危機暴露弱點，此雖有能有爲之將，亦難保其必無。這就是戰勝的當口，必須把握的機緣。

> 用兵必須審敵之虛實而趨其危，敵人遠來新至，行列未定，可擊……
> 未得地利，可擊，將離士卒，可擊，心怖，可擊。若此者，選銳衝
> 之，分兵繼之，急擊勿疑。

爲什麼先要選銳衝之，又要分兵繼之，還加上一句急擊勿疑，這是時不可失的大好機會，要劍及履及，說做就做。先用選鋒衝之，以給他當頭一棒，教他精神上、心理上先受一劇烈震撼，有受到奇襲之感。分兵繼之爲的是擴大戰果。急擊勿疑，是總結判語。因爲不急擊而稍有遲疑，敵人可認清危機而及時修正錯誤，再行下手已落後一步，幸運之神，已站在對方了，這即所

謂戰機稍縱即逝。

　　注意不要中敵詭計，必須要先行審知。這雖是一般通用的原理原則，但是還可以把特定戰法滲入進去，靈活運用。

（五）察明敵將性格而因形用權

　　察明敵將性格有兩個立場，一為國對國的，二為將對將的。國對國的，與選將有關，此屬更基本之事。將對將的，與作戰上指揮運用直接有關。《吳子》此處之所論，似是以將對將為主要研究對象。

　　將領的性格作風，可以影響他的用兵方法而且直接影響其部隊行動。反之，由看明部隊行動的一般現象，也可以反應出他們的將領是何種的性格，什麼作風。

　　這也是在「知彼」的全部內容中最首要的一環。

　　凡戰之要，必先占其將而察其材。因形用權，則不勞而功舉。其將愚而信人，可詐而誘。貪而忽名，可貨而賂……停久不移，將士懈怠，其軍不備，可潛而襲。如真能了解敵將性格，尤其是貪生怕死、寡廉鮮恥，或者是一腔忠義而有勇無謀，或是無學無能剛腹自用等突出的缺點時，好多問題的解決都可由將領本身下手，而實質上用兵的多寡虛實、奇正分合的部署，其精神心力，在相形之下就較得減輕許多分量了。

（六）注重心與物的保養與控留有餘的氣力

　　一鼓作氣，再而衰，三而竭，這是人之常理。人馬困疲，資材耗損，先盈後虧，反勝為敗，是乃兵家的大忌。因為如此結果，還不如當初就寧可忍受一時一些委屈而不發動作戰，更為較好些。

> 凡行軍之道，無犯進止之節，無失飲食之適，無絕人馬之力。此三者所以任其上令。任其上令，則治之所由生也。若進止不度，飲食不適，馬疲人倦而不解舍，所以不任其上令。上令既廢，以居則亂，以戰則敗。

　　此之所論，範圍較狹而限於部隊。擴大而之用於全國道理是一樣的。「常令有餘，備敵覆我」。這說明部隊要隨時慎防敵人，且不可鬆懈的。

（七）重特種情形的作戰並特別強調以寡擊眾

　　因時代關係，特種作戰要領，已不大適於今日之用，但吳子對此特別強調，其大旨仍是相通的。以寡擊眾亦復相同。

> 若高山深谷，卒然相遇，必先鼓噪而乘之，進弓與弩，且射且虜，
> 審察其陳，亂則擊之勿疑。

「用眾者務易，用寡者務隘」。在應變一篇中，大部談此類問題。

（八）戒橫暴以安撫收攬敵國人心

戰爭目的既是順天應人，爲弔民伐罪而戰，自與一般爭城奪地者不同。但對敵軍作戰之多寡，虛實奇正分合的運用，那又是另一立場，不能相提並論。

> 凡攻敵圍城之道：城邑既破，各入其宮，御其祿秩，收其器物。軍
> 之所至，無刊其木、發其屋、取其粟、殺其六畜、燔其積聚。示民
> 無殘心，其有請降，許而安之。

戰勝攻取是必要的。城也許要攻，地也許要奪。但只限於兩軍決鬥之際。但對敵國百姓的生命財產，則須採哀矜與保護態度。此中含有兩重作用，一則民心向我，乃使我可得到許多方面的便利，一則民心背敵，可使敵方政權陷於孤立，陣線陷於分離。如此戰爭可以早日結束，兩方生靈，均可早日期盼免受戰爭塗炭之苦。

以上所述，均爲《吳子兵法》中的應用要領，是大略依事務經過的先後歷程而寫出的，並非按文字先後順序在書中出現爲準。同時也並不是要領一就準是針對觀念一而言之的。因爲觀念的順序與事務歷程未必如此相稱相合也。

二、其他觀念

（一）戰爭的決定因素

此種因素雖散見於六篇之中，而逐條排列整然有序的項目，卻沒有正面成套的說出，是在〈料敵篇〉中由反面印證而得。即不占而避者六：一「土地廣大，人民富眾」，二「上愛其下，惠施流布」，三「賞信刑察，發必得時，」四「陳功居列，任賢使能」，五「師徒之眾，兵甲之精」六「四鄰之助，大國之援」。

此種描寫筆法，只是表明敵方戰爭因素充足優越的情形，不是說明因素具備的項目，如專爲指出項目內容，那就要用另種寫法：而不能附帶形容詞，如附帶形容詞，就又必須兩面都寫，不能只寫一面。如土地或土地之廣狹等。不能如原文中那樣筆法。

（二）將領的應備條件

兵書中沒有不談此一問題的，千軍易得，一將難求，這個問題太重要了。

「夫總文武者，軍之將也，兼剛柔者，兵之事也」。故將之所謹者五，曰：

　　理、備、果、戒、約。理者，治眾如治寡，備者，出門如見敵，果
　　者，臨敵不懷生，戒者，雖克如始戰，約者，法令省而不煩」。

　　有人拿《吳子》這理、備、果、戒、約五字，與其他兵書將領應具備條件相形比較而互為軒輊，但《吳子》還有一頂大帽子，就是「總文武」在將領的頭上扣著。此外，如在作戰中，要貴決斷、明機勢、識眾寡、用地利等，也均為《吳子》所注意強調之事。〔註3〕

〔註3〕本節參考商務印書館，民國74年12月版，傅紹傑註譯《吳子今註今譯》，31至38頁。

第三章 比 較

前 言

　　中國古代兵書卷帙浩繁，寓意深遠，它凝聚了歷代軍事家和理論家的智慧，是中華民族悠久文化的遺產。無論從其內容的豐富多彩、哲理的深邃睿智，或是思想的博大精深、文字的練達縝密，都對我國政治、經濟、軍事、哲學、文學、科學等領域產生深遠的影響。

　　春秋戰國時期是中國歷史上大動盪、大變革時期，從政治、經濟、教育、文化等思想，到軍事等諸多領域，都發生著一系列劇烈的變革。如第一篇地二章所述。春秋戰國時期可謂是中國兵學思想大放異彩的時期，這是與當時社會經濟、政治的變革息息相關的，是在軍事鬥爭需要的推動下產生的。世襲的土地制度受到軍功授田的私有制破壞；以諸侯間以血緣為繫的宗族制，經春秋、戰國諸侯間相互兼併的戰爭中，已變得名存實亡。周初分封的千餘個國家，到秦統一前只剩號稱「七雄」大國及數小國，許多宗族國被歸併於大國的統治之下。以往只有天子的宗族、姻親才能擔任百官的封建官僚制度，被用人唯才的「布衣卿相」取代；分封制也失去了存在依托，被君主專制的中央集權制所取代。貴族軍隊則被聽命於朝廷的國家軍隊所取代；其將領也由貴族變為以特長致士的官吏；「學在官府」的局面被打破，私學紛紛設立。一些沒落的貴族與掌握了知識和技能的平民組成社會上最有文化教養的「士」這個階層，許多政治家與軍事家都出於其中。正是由於周王室喪失

了天下共主的地位，以及各諸侯間政治、經濟、軍事實力的均勢被打破，各諸侯都想趁亂擴充實力，擁有霸主地位，進而統一天下。戰爭頻繁對社會造成了巨大的破壞，但人們也從中吸取了許多有益的經驗和教訓，為避免不必要的犧牲，人們迫切需要一種能夠指導戰爭的系統化理論，這為兵學思想和理論的產生提供了良好的社會環境，而「士」這個階層正堪當此任。

其次，春秋戰國時期的學術思想領域極其活躍，各學派暢所欲言，百家爭鳴。由於君主和王公貴族為取得兼併戰爭的勝利而求賢若渴，禮待士人，因此學術的發展才有自由的空間，可以不受君主意志的支配，較為客觀地反映當時的社會現實，這對於兵學思想的產生尤其重要。因為戰爭是極其殘酷的，是以消滅對方有生力量為目的的，這是一個嚴肅的現實課題，它要求兵家採取審慎、理智的態度，研究和總結出用兵之法，以為指導戰爭之用。

再次，諸子百家獨樹一幟，各暢其言，紛紛著書立說。各學派的代言人雲遊四方，穿梭於諸侯之間，廣泛宣揚自己的主張，以期得到君主的青睞。兵家也不甘落後，為爭得一席之地，憑藉手著兵書去迎合君主們稱霸的需求，藉以扣開仕途的大門。他們一旦被君主重用，榮華富貴自不待說，單就輔弼君主成就霸業，留得一世美名這點足使人趨之若鶩。

春秋戰國又是我國兵書大放異彩的時期。專門研究戰爭理論和軍事技術的兵家，成為諸子百家中的一個流派，其代表人物是孫武－著有《孫子》一書及吳起－著有《吳子》一書，而並稱於世。由此可見二者兵法在我國歷史上的地位。綜上所述，中國兵學思想在春秋戰國時期得到豐富和發展，出現兵學研究的一個高潮，實是時代的產物。況爾後整個中國有關兵學的討論範疇、思想的發展，卻難逾越本時期各兵家之所論。

另外從春秋戰國時期兵書上言，孫、吳二人又是目前以個人名義為稱的兵書中，除去偽作爭議外，作者年代最早的兩部，且其在兵學上的成就，後來兵書難出其右，所以他們在我國兵學上的影響，是無庸置疑的。

在此只就孫、吳兵書內容作一比較分析，以瞭解二者的異同，然而今人所謂的「戰略」、「戰術」思想發達，雖然當時無此名稱，但兵法探討的是「作戰→克敵致勝，獲得國家利益，達成國家目標」的原理、法則與教範，其中自然以「不戰而屈人之兵」的思想為最高境界；當今「軍事戰略」思想之意義，亦與兵法相同，主要是探討軍事作戰的層面，獲得勝利，確保國家的安全，是其最重要的考量。尤其現代的「戰略」思想已擴大為探討國家的政、

經、軍、心及科技五大層面的議題，今從政、經、軍、心來分類比較，亦較明白清楚。另外二者特殊的見解與難曉之處，其對後來的影響，也做一探討，最後以中國「仁本」的主流軍事思想對二人有何影響，做一結束。

第一節　政　治

一、道

　　道，說文：「道，所行道也」。故道的本義，原指道路而言。道路是由此至彼所由以行走的。引而申之，行走轉為行事，道路轉為道理，為宇宙間一切事物，無論自然界或人事界，也無論動或靜，所由遵循的基本原理。在自然界為天道（天理），在人事界為人道（人理）。

　　儒家多談人道，強調人道。所以這個道，就是人在社會中舉凡修己治人理國經務，在言行上所當遵循的基本原理。它是一個包容很廣的、多義的概念。無論三達德的智、仁、勇，或是五常的仁、義、禮、智、信，以及孝、悌、忠、恕、恭、敬、剛、毅等，雖內涵各有廣狹，均可包攝於道的範疇之內。

　　董仲舒〈賢良對策〉：「道者，所繇適於治之路也」。韓愈他在〈原道〉一文中，開宗明義說：「博愛之謂仁，行而宜之之謂義，由是而之焉之謂道，足乎己無待於外之謂德。仁與義為定名，道與德為虛位」。由此可概見所謂道的意義所在。

　　其他諸家不論，儒家書籍，一部《四書》與《荀子》之中，提到道字之處極多，其中除了很少數當作道路、治理，或陳說的意義之外，極大多數都是當作人事界修齊治平方面之基本原理講的。

　　《大學》，開宗明義就說出：大學之道，在明明德，在親民，在止於至善。此外又講絜矩之道、君子有大道、生財有大道等事。

　　《中庸》一開端也就講：天命之謂性，率性之謂道，修道之謂教。在哀公問政章，孔子答話中有：天下之達道五，所以行之者三。曰：君臣也，父子也，夫婦也，昆弟也，朋友之交也；五者，天下之達道也。知、仁、勇三者，天下之達德也。所以行之者，一也。朱子於此註說：達道者，天下古今所共由之路，即書所謂五典，孟子所謂父子有親，君臣有義，夫婦有別，長幼有序，朋友有信是也。在道不遠人章中，又有忠恕違道不遠，施諸己而不願，亦勿施於人之言。

《論語・公冶長》：子謂子產，有君子之道四焉，其行己也恭，其事上也敬，其養民也惠，其便民也義。〈憲問〉：子曰：君子道者三，我無能焉，仁者不憂，知者不惑，勇者不懼。《孟子・離婁上》：欲為君盡君道，欲為臣盡臣道。〈離婁下〉：舜盡事親之道。

所引上述各文，不外說明一事，道只是個玄名，是個虛位。它的內容，涵蘊各種美德，不限於那一個單字，君臣、父子、兄弟、夫婦、朋友各有其道。修齊治平也各有其道。要看身分、環境、處理事務的對象。各種美德字眼在應用之際各有主從，不能一概而論。但知仁勇三達德又是人所共具的，不管甚麼條件之下都應當以之為通貫全般的基本因素。

進一步，純粹一個道字，除了一個道路、途徑為一物質名詞之外，在抽象名詞之中，它仍然是個屬於中立性的。不過是方術、路線的別名而已。乃經過人文面的價值判斷之後，始有大小、正邪、善惡、仁暴等的分別。習慣上所謂有道明君之道，乃概指大、正、善、仁之道而言。實際上，湯武有道，桀紂仍然有道，不過是小、邪、惡、暴之道而已。孔子說:道二:仁與不仁而已矣。《孟子・離婁上》引述因為《荀子》在辨名正詞方面的工夫，比孟子還扣得緊些，所以他在談及不應遵循與人無益之道時，往往加上限制詞，如小道、邪道、儉道、姦道、亂人之道、姦人之道等以示區別。於善的一面，則常用大道、正道、王道、長久之道、君子之道等以示區別。

韓愈〈原道〉那幾句話：「博愛之謂仁，行而宜之之謂義，由是而之焉之謂道，足乎己無待於外之謂德。仁與義為定名，道與德為虛位」。由文中可以看出，韓氏之所謂道，乃是限定於走仁與義的路線為範圍。所謂由是而之焉的是，乃指仁與義而言，而之焉乃向前走去也。可見韓氏心目中的道，不是只看中立性的路線而言，乃是指《荀子》所說的大道、正道等而言也。此在我們一般人的心目之中，亦復相同。

其實各家有各家自己所謂的「道」，孫、吳二人亦各有其定名。以上不贅言說明儒家之道，目的只在強調「道」實為學說本體，兵家亦然。若本其「道」而行，自然能為勝敗之政，這都是從政治層面著手的。

（一）《孫子》

1. 「道者，令民與上同意也。故可與之死，可與之生，而不畏危也」。（始計）

這是從政治上的與眾相得，軍爭上人人奮不顧身的最好表現，看十家註如下：

曹操曰：「謂道之以教令。危者，危疑也」。

李筌曰：「危，亡也。以道理眾，人自化之，得其同用，何亡之有」！

杜牧曰：「道者，仁義也。李斯問兵於荀卿，答曰：彼仁義者，所以修政者也。政修則民親其上，樂其君，輕爲之死。復對趙孝成王論兵曰：百將一心，三軍同力。臣之於君也，下之於上也，若子之事父，弟之事兄，若手臂之捍頭目而覆胸臆也。如此，始可令與上（下）同意，死生同致，不畏懼於危疑也」。

陳皞註同杜牧。

孟氏曰：「一作人不疑，謂始終無二志也；一作人不危。道，謂道之以政令，齊之以禮教，故能化服士民，與上下同心也。故用兵之妙，以權術爲道。大道廢而有法，法廢而有權，權廢而有勢，勢廢而有術，術廢而有數。大道淪替，人情訛僞，非以權數而取之，則不得其欲也。故其權術之道，使民上下同進趨，共愛憎，一利害，故人心歸於德，得人之力，無私之至也。故百萬之眾，其心如一，可與俱同死力動，而不至危亡也。臣之於君，下之於上，若子之事父，弟之事兄，若手臂之捍頭目而覆胸臆也。如此，始可與上同意，死生同致，不畏懼於危疑」。

賈林曰：「將能以道爲心，與人同利共患，則士卒服，自然心與上者同也。使士卒懷我如父母，視敵如仇讎者，非道不能也。黃石公云：得道者昌，失道者亡」。

杜佑曰：「謂導之以政令，齊之以禮教也。危者，疑也。另上有仁施，下能致命也。故與處存亡之難，不畏傾危之敗。若晉陽之圍，沈竈產蛙，人無叛疑心矣」。

梅堯臣曰：「危，戾也。主有道，則政教行；人心同，則危戾去。故主安與安，主危與危」。

王哲曰：「道，謂主有道，能得民心也。夫得民之心者，所以得死力也；得死力者，所以濟患難也。易曰：悅以犯難，民忘其死。如是，則安畏危難之事乎」？

張預曰：「以恩信道義撫眾，則軍一心，樂爲其用。易曰：「悅以犯難，民忘其死」。危，疑也。士卒感恩，死生存亡；與上同之，決然無所疑懼」。

他們政治見解大都如儒家所謂「導之以政，齊之以禮」爲主，這種以人心

想為推論，或許有所缺失，因為生死存亡之際，往往是人性弱點的表露，戰場上可與之死，可與之生，多少有些其他因素存在，往往強調「化之所至」，這是違背人性的。但戰爭中團結一心，貫徹一志，戰鬥力無形的加強，這句話「道者，令民與上同意也。故可與之死，可與之生，而不畏危也」是正確的。

2.「故善用兵者，修道而保法，故能為勝敗之政」。（軍形）

修道是修明政（道）治，保法是保有法（令）制，這裡進一步說明「保法」之重要，上面所說「令民與上同意」即是「修道」，修道是「導之以政，齊之以禮」

「道」即政治的首位，《孫子》的「道」，可以分做兩種，第一種是立國之道，第二種是戰爭之道。立國之道又分敵我雙方來講：我方來看「道者，令民與上同意也，故可以與之死，可以與之生，而不畏危也」。在《孫子》看來，「道」是這樣的一種境界：上下一致，同心同德，民樂為君用，生死與共。這是封建社會中理想的統治狀況。另一方面《孫子》又指出，在判斷戰爭雙方誰勝誰負時，首先要比較「主孰有道」？也就是說那一個君主能取得民眾的支持，在政治上有一套安國悅民的辦法，由此判斷孰優孰劣，這「道」都是由政治層面考量的。

從「保法」來講是要健全組織和注重法制，以保證官吏的清廉和軍隊建設。孫子關於「保法」的涵義，約有如下三層：「法者，曲制（各種軍制）、官道（各級官制）、主用（掌握軍需物質和軍費）也」。（始計）即在政治作為方面要有健全完善的制度，此其一；「取敵之利者，貨（賞以財貨）也」（作戰）、「卒已親附而罰（軍法）不行，則不可用（用於作戰）也。故令之以文（以禮義教育之），齊之以武（以武藝訓練之），是謂必取」（行軍），是為嚴肅軍紀，賞罰並用，而且還主張賞罰之施行，不可拘泥已公佈的法令，他說：「施無法之賞（不依常情賞賜），懸無政之令（不依常理發令），犯（指使）三軍之眾，若使一人」。（九地）即在用嚴明的賞罰措施去保證法令的施行，此其二；孫武在吳王面前訓練宮女，宮女戲笑而不聽指揮，孫武曰：「約束不明，申令不熟，將之罪也；既已明而不如法者，吏士之罪也」。接著「遂斬隊長二人」。說明在施行賞罰過程中一視同仁地廢止貴族和等級特權，此其三。《孫子》之主張「保法」，就是要統治者堅持嚴格執行法律，以法治軍、治國，力求政治秩序的安定和國家強盛。

另外戰爭之道，如「地形者，兵之助也。料敵制勝，計險阨遠近，上將

之道也。知此而用戰者，必勝；不知此而用戰者，必敗。故戰道必勝，主曰無戰，必戰可也；戰道不勝，主曰必戰，無戰可也。故進不求名，退不避罪，唯民是保，而利於主，國之寶也」。（地形）這裡所謂的「道」，嚴格說是沒有政治因素的，完全是主將應該有的素養，是戰場上應具備的方法、手段或原則，故在此不論。

（二）《吳子》

> 夫道者，所以反本復始。（圖國）

從此句觀之，如道家之「道」，是返本復初的，是循環往復的，從吳起的學術淵源來講是不通的，若由儒家順「天」之道而言，天命之謂性，率性之謂道，反本復始是「大人者，不失其赤子之心」，使人不征於末逐於終而各正性命，各盡天職，故回歸到儒家「大學」、「中庸」中的「修齊治平」或「致中和」的政治思想體系中，這句話才能找到答案，但「反本復始」在吳子中是語意難明的。它接下又說：「是故聖人綏之以道，理之以義，動之以禮，撫之以仁。此四德者，修之則興，廢之則衰」。這裡的「四德」是屬於政治層面的，與「義、禮、仁」三者可說是儒家學說得範疇，但反本復始的「道」要與之相合，至少在一般傳統認定上是難以接受的。

所以二者在道字上，《孫子》則是明白定義出：「道者，令民與上同意也。故可與之死，可與之生，而不畏危也」。這是二者最大的不同。

二、政治作爲的影響

（一）《孫子》

修道是令民與上同意，如此上下一心即是與眾相得，戰爭中才能「必取」，所以領導者必須如此，若自私自利，取敵之利而不肯賞賜部下，誰肯爲其效命，上下乖離，戰時自然「可離而不可集」。故與士卒同甘共苦，毫無私心，自然得人心。

> 卒未親附而罰之，則不服，不服則難用也；卒已親附而罰不行，則不可用。故令之以文，齊之以武，是謂必取。令素行以教其民，則民服；令不素行以教其民，則民不服。令素行者，與眾相得也。（行軍）

> 視卒如嬰兒，故可與之赴深溪；視卒如愛子，故可與之俱死。（地形）

這裡的「令素行」、「與眾相得」是政治施行的具體表現，回歸到水能載

舟，亦能覆舟；得民者昌，失民者亡來講，至今仍然是亙古不變的道理。「視卒如嬰兒」、「視卒如愛子」，這種父子之情，比之視民如寇讎，視民如草芥之人，在戰爭中的民心向背是一目了然的。這與《吳子》所謂的「父子之兵」，其意義是相同的。但是千萬不能有父子之親，卻譬若驕子，如《孫子》所言：「愛而不能令，厚而不能使，亂而不能治；譬如驕子，不可用也」。（地形）

　　夫戰勝攻取，不修其功者，凶！命之曰費留。（火攻）

　　這是從勝利者的角色去看戰爭，明白的說出勝利者不可燒殺擄掠，恣意妄為，同樣要從政治作戰起步，保民安民為其首要，孫子深刻明白戰爭怨怨相報的循環歷史宿命，唯有「修其功」，方能將雙互的傷害減至最低，這是《孫子》在戰爭哲學中最高的成就。

（二）《吳子》

　　明主鑒茲，必內修文德，外治武備。（圖國）

　　昔之圖國家者，必先教百姓而親萬民。有四不和：不和於國，不可以出軍；不和於軍，不可以出陳；不和於陳，不可以進戰；不和於戰，不可以決勝。是以有道之主，將用其民，先和而後造大事。（圖國）

　　是故聖人綏之以道，理之以義，動之以禮，撫之以仁。此四德者，修之則興，廢之則衰。（圖國）

　　凡制國治軍，必教之以禮，勵之以義，使有恥也。夫人有恥，在大足以戰，在小足以守矣。（圖國）

　　古之明王，必謹君臣之禮，飾上下之儀，安集吏民，順俗而教，簡募良材，以備不虞。（圖國）

　　君能使賢者居上，不肖者處下，則陳已定矣；民安其田宅，親其有司，則守已固矣；百姓皆是吾君而非鄰國，則戰已勝矣。（圖國）

以上皆出自〈圖國篇〉，圖國一詞，最簡要的譯語，可以說是與謀國、治國、經國、理國有同等意義。

　　以今日的國防與戰爭的意義言之，略為演繹即是依據政治企劃的構想，研擬在理論上、實行上如何親民愛士、任賢使能、量力審勢、致富求強、整軍經武、明恥教戰之策，以期達成建國的目標。依軍語譯之，則概相當於戰爭準備或國防計劃的基本原理與綱領旨趣。

　　《論語》中有顏淵問爲邦，《孟子》中有〈滕文公〉問爲國，此外還有其他國君與孔孟的弟子問爲政，孔子、孟子均各有所答，有說明基本原理的，有因人因事而異的。《大學》一書中更有專講「治國」的一章。凡此所謂爲邦、爲國、爲政、治國各處所問所答，均不外是要解決吳子於此所謂「圖國」的問題。到了《荀子》則更有〈王制〉、〈富國〉、〈王霸〉、〈君道〉、〈臣道〉、〈議兵〉、〈疆國〉各篇的宏議偉論，也都是爲了圖國而說。

　　另外《周禮》在六官（天、地、春、夏、秋、冬）之首幾句共同一致的總綱是：「惟王建國，辨方正位，體國經野，設官分職，以爲民極」。

　　《韓詩外傳》卷八，也有「度地圖居以立國」之言。不外是謀劃所以立國治國安國之道。文中對審度地理形勢，似有看重強調之意。另外更有注重土地之意。

　　　《管子‧乘馬》第五：「地者，政之本也。是故地可以正政也。地不
　　　平均、調和，則政不可正也。政不正，則事不可理也。

　　　《孟子‧盡心下》：「孟子曰：諸侯之寶三，土地、人民、政事。寶
　　　珠玉者殃必及身」。

無論如何說法，離不開立國、治國、安國。離不開土地、人民、政事。這前三者與後三者，可以說因說話的主旨、立場之不同，而是互爲賓主的。要想能立國、治國、安國，必須要有相當的土地、人民、政事，否則，只是一張畫餅；有了土地、人民、政事，更必須有嘉謀嘉猷、任賢使能以立之、治之、安之，否則，所有土地、人民、政事，也終非自己所有。那就是亡國。

　　總之「內修文德，外治武備」的戰略指導思想。所謂「德」，就是「先教百姓而親萬民」，其中心只圍繞一個「和」字，而「和」的實質便是政治開明、國內團結。若有四不和，則不能出兵，如「不和於國，不可以出軍；不和於軍，不可以出陳（陣）；不和於陳，不可以進戰；不和於戰，不可以決勝。是以有道之主，將用其民，先和而造大事。」吳起總結出「文德」的四個方面→「四德」即道、義、禮、仁，提出「聖人綏之（安定國家）以道，理之以義，動之（動用民眾）以禮，撫之以仁。此四德者，修之則興，廢之則衰」。此外，君主在施政時，尚要選賢任能，打破世卿世祿制，使「賢者居上，不肖者處下」，使「民安其田宅，親其有司」，保障生產的發展和國家的穩定，此所謂「百姓皆是（擁護）吾君而非（反對）鄰國，則戰已勝矣。」

　　就以篇次序列而言，也與《孫子》的〈始計〉有相同意味，不過《吳子》

所論，在層次上、內容上，比《孫子》所論較高較廣而已。

「所謂治者，居則有禮，動則有威，進不可當，退不可追，前卻有節，左右應麾，雖絕成陳，雖散成行。與之安，與之危。其眾可合，而不可離，可用，而不可疲，投之所往，天下莫當，名曰父子之兵」。（治兵）這裡「居則有禮」說明領導人平日與士兵是如何相互對待的情況，反之「居則無禮」，那陣前倒戈相向，領導人是自取其敗的。

第二節　經　濟

戰爭是一種純銷耗的行為，雖可從掠奪中獲得補償，但得失之間如何獲取平衡，這是很難估計的，撇開戰勝可獲得的利益來講，僅就作戰自身的消費看，由《孫子》的假定計算：「馳車千駟，革車千乘，帶甲十萬。千里而饋糧，則外內之費，賓客之用，膠漆之財，車甲之奉，日費千金，然後十萬之師舉矣」。這「日費千金」，就相當驚人的。

《孫子》的〈作戰篇〉即發動戰爭之義，亦即國家總動員來應付戰爭，戰爭不再是「士」的專利，它牽動到當時「全國」每一個人的神經，戰爭已是全民的戰爭，擴大了戰爭的層面。《孫子》知道作戰計劃完成後，繼之即動員之問題，其對戰爭之看法，部與拿破崙所見不謀而合，打仗即打物資、打金錢。因軍人是世界上第一等消耗者，軍隊愈多，消費愈大，戰期愈久，損耗亦愈鉅。作戰篇所述均屬戰爭之經濟問題，由此可見《孫子》對戰時經濟問題之特別重視，如經濟問題于戰前不予充分之策畫與準備，則戰爭即無法發動。兩次的波灣戰事，更加說明戰爭即是打金錢，所以拿翁對戰爭說了句名言：「作戰第一要素是金錢，第二要素是金錢，第三要素是金錢」。

一、《孫子》

《孫子》了解戰爭有鉅大消耗之特性，如欲消耗減低而不損及國本，其唯一法即迅速贏取勝利結束戰爭，并儘量利用敵人之物資與人力，俾勝兵益強而國不貧。《孫子》先假設說：「一般用兵之法：必須有一千輛戰車，一千輛輜重車，始能動員十萬大軍」。此乃最基本之裝備，除車輛外，尚有甲、冑、弓、矢、戟、盾、矛、櫓等作戰所不可少之武器，一千輛戰車，需四千匹戰馬牽引，一千輛大車，需大批牛隻輓曳，且軍隊需餉糈，牲畜需糧秣，一切一切，均須取自民間。如平日無大量儲藏，則戰時必供不應求。所以一個國

家要準備作戰，必須充實經濟力量，必先製儲大量軍需品，并飼養戰馬、丘牛以備戰用，因軍隊無輜重則亡無糧食則亡，無委積則亡也。

戰爭既已爆發，大軍紛紛開赴遙遠前線，兵馬未動，糧草先行，運輸隊蜿蜒于崎嶇道路上，不分晝夜向前線蠕動。這時除了補給線之外，國內國外仍有各種活動，這亦需大批經費支應，如其所言辦理外交、招待賓客，再加膠漆之類的保護器材與車輛裝具之供應等，日費千金，數字之鉅，實足駭人。

在一切為前線一切為勝利號召下，農民放下鋤頭而應徵，工人放下工具而應徵，男女老幼，送糧草，造武器，縫軍服，扶傷救亡，不眠不休，終日忙忙碌碌。軍隊死傷日見其多，補給線愈戰愈長，生產量愈久愈少，物價又忽飛漲。土地因戰爭而荒蕪，原來一般產業因戰爭而停頓，然消耗卻有增無減。如此，戰爭一久，則民用必盡，而國家之經濟亦必起恐慌而趨于崩潰，所以《孫子》說：「久暴師，則國用不足」。人力之缺乏使人民無法繼續支持戰爭，經濟資源枯竭，民窮財盡，十分力量已耗去七分。至於政府之損失是：破舊之戰車，老弱之戰馬，加上裝備、武器、大車、丘牛等毀壞、遺棄及死亡者，十分已去其六。人民之厭戰情緒日漸濃厚，軍隊之戰鬥精神日漸消沉，兵鋒已鈍，銳氣已挫，戰力無法增強，軍需無法補充，鄰國乘隙而起，在此國疲力屈之秋，誰能作中流砥柱，拯救此厄運哉！所以《孫子》說：「夫鈍兵挫銳、屈力、殫貨，則諸侯乘其弊而起，雖智者，不能善其後矣」、「夫兵久而國利者，未之有也」。

為避免長期戰爭所造成之經濟危機，故《孫子》主張「速戰速決」，用一次會戰將敵人殲滅而結束戰爭。他認為真正了解戰爭特性之軍事家，決不動員後備軍人，亦不由國內作第三次之運補，役不再籍，則民力則不感疲竭，糧不三載，則民食則不虞匱乏。然速戰速決常非人所願，如遇頑強之敵人，戰爭仍須曠日持久，為挽救長期戰爭所造成之經濟危機，《孫子》又主張採用深入突破之戰術，實行以戰養戰，他提出「取用于國，因糧于敵」之辦法，儘可能就食於敵，其不足者，再由國內供給。《孫子》說：「聰明之將帥，務必就食于敵，食敵一鍾，當吾二十鍾；　秆一石，當吾二十石」。從千里饋糧的觀點來看，能借用敵人一分之力量，即可使本國節省二十分力量，從經濟的角度看，「因糧于敵」是必須的。

《孫子》之經濟政策，不但要充分利用敵國之戰爭物資，且進一步利用俘虜和戰利品，他用重賞得方式來鼓勵將士奮勇作戰，在戰場上要爭取俘虜

和戰利品，規定在一次猛烈車戰中。能奪獲敵人十輛以上戰車者，即賞其先得者，然後更其旌旗，讓這些戰車參雜在自己戰車中，再從事作戰。對于俘虜，一定要善待之，給予優待、感化及教育，使其心悅誠服後，再分配于隊伍中，與我士兵並肩作戰。利用敵人之人力、物力去打擊敵人，同樣是經濟的行為，最後達到「勝敵而益強」的目的。

《孫子》站在吳國攻勢作戰觀念上，乃一非持久戰之戰爭理論者，縱能以戰養戰，定造成師老兵疲，為人所趁。所以他主張：「兵貴勝，不貴久」，而最經濟之戰略，莫過于「速戰速決」，尤其戰勝攻取，不修其功者，凶！命曰費留」。這「費留」就是不經濟的。

在〈用間篇〉孫子又再次強調說：「凡興師十萬，出征千里，百姓之費，公家之奉，日費千金，內外騷動，怠於道路，不得操業者，七十萬家」。凡動員十萬軍隊作千里遠征，民眾方面之耗費及公家發放之俸給，每日總需千金之多；且內外騷動，人民奔走疲憊于道路作軍需品之運輸，以致放棄本業，如農人無法正常耕作；商人無法正常買賣，從十萬之師的假定，這樣總計就有七十萬家。這完全在說明一個動員作戰，耗靡之多，前後方為軍隊服務人員之眾，整個國家均在為戰事而處忙亂中，此種軍事消費，若不先將敵情認清而盲目作戰，則必誤國誤民。此乃孫子在警惕吾人興師動眾時，決不可輕忽從事。至于出軍十萬，有七十萬家為之服勤，是從井田制度算出之數字。《孫子十一家注》中有曹操、杜牧、張預等亦主井田而來，今舉張預說：「井田之法：八家為鄰，一家從軍，七家奉之，興兵十萬，則輟耕作者，七十萬家也」。

另外若特殊的持久戰中，他說：「相守數年，以爭一日之勝，而愛爵祿百金，不知敵之情者，不仁之至也，非人之將也，非主之佐也，非勝之主也」。如耗費鉅金，與敵對抗達數年之久，以爭取最後一日之勝利，但吝嗇爵祿和百金之賞賜以作「用間」之費，因而造成不明敵情，促成戰敗，此乃無仁愛之心至于極點，具此觀念之人，既非統率萬人大軍之將才，亦非輔佐元首之賢俊。更不能成為戰勝之主宰。若能偵知敵情，為作戰鋪出勝利之大道，即不應珍惜情報費用，否則《孫子》認為，即非明君賢將。漢高祖當時能以黃金四萬斤予陳平，用作離間楚國君臣之費用，終能擊敗項王而有天下，此漢高祖之聰明之處。戰勝為先的條件下，如何才是經濟，這是要拿捏的，所以在用間、使間時，明君賢將是不計血本的。在戰爭中能得敵情之實者，達成先知的目的，然後採取如何克敵制勝的方法，這才重要。

〈九地篇〉中「掠于饒野，三軍足食」、「重地則掠」、「重地，吾將繼其食」三個觀念，是他在對深入敵境作戰，爲免消耗國內經濟，他採用「因糧于敵」的策略，也同樣說明「智將務食于敵」的觀念，這是《孫子兵法》中能反復辯證其思想的地方，《吳子兵法》是少見的。

二、《吳子》

作戰與經濟的關係，嚴格說起來，吳起是沒有的，所以站在戰爭整體面考量，經濟因素若沒有考慮進來，這是有缺失的，《孫子兵法》被人推崇，就是思想體系完備，戰爭層次深入。

現從「久暴師則國用不足」來看，窮兵黷武必造成民生凋敝，其結果是中國人早就留下的智慧結晶：「好戰必亡」。所以中國人的民爲邦本的「民本」思想，在經濟上，就是要老百姓過好日子而已。《吳子》在〈圖國篇〉有：「天下戰國，五勝者禍，四勝者弊，三勝者霸，二勝者王，一勝者帝。是以數勝得天下者稀，以亡者眾」。就是怕國君好戰，人民自然生活受苦。

第三節　軍　事

一、論　將

（一）《孫子》

孫武當時各國中央體制不分文武之制，出將入相均由貴族包辦，故孫武用兵思想中，可能無文武分制的觀念，也就是說他將政治與軍事結合爲一，兩者一併考量。

在《左傳》僖公二十七年（晉文公圖霸之開始）：「於是乎蒐於被廬，作三軍，謀元帥。趙衰曰：郤穀可。臣亟聞其言矣，說禮樂而敦詩書。詩書，義之府也；禮樂，德之則也；德義，利之本也……乃使郤穀將中軍（元帥之職）」。

國君往往親自出戰，所以晉惠公纔遇到被虜的厄難。國君的弟兄子姪也都習武，並且從極幼小時就練習。如《左傳》襄公三年所記：「晉侯之弟揚干，亂行於曲梁」。當時晉悼公年十七，弟揚干最多不過十五六歲就入伍；因爲年紀太小，僕御駕之無方，以致擾亂行伍。左傳桓公五年的「繻葛」之戰：「蔡、衛、陳皆奔，王卒亂，鄭師合以攻之，王卒大敗，祝聃射王，中肩」。連天子之尊也親自出征，甚至在陣上受傷。這是周桓王親率諸侯伐鄭，當場中箭的

故事。此外春秋各國上由首相，下至一般士族子弟，都踴躍入伍。當兵不是下賤的事，乃是社會上層階級的榮譽職務。戰術或者仍很幼稚，但軍心的盛旺是無問題的。一般的說來，當時為將領的人毫無畏死的心理；在整部的《左傳》中我們找不到一個因膽怯而臨陣脫逃的人。當時的人可說沒有文武的分別。士族子弟自幼都受文武兩方面的訓練。少數的史筮專司國家的文書宗教職務，似乎不親自上陣。但他們也都是士族出身，幼年時必也受過武事的訓練，不過因專門職務的關係不便當兵而已。即如春秋末期專門提倡文教的孔子也知武事。《論語‧述而篇》記孔子「釣而不綱，弋不射宿」，可見孔子也會射獵，能不像後世白面書生的手無搏雞之力。又《論語‧季氏篇》孔子講「君子有三戒」說：「血氣方剛，戒之在鬥」。孔子此地所講的「君子」，似乎不只是階級的，也是倫理的，就是有德者如孔子弟子一類的人。他們要戒之在鬥，必有鬥的技藝與勇氣。

所以在春秋時代及其以前，原則上本是文武合一、出將入相的。所要斟酌的只是某人的德行優劣、學問深淺而已。

《孫子》言簡意賅的說：「將者，智、信、仁、勇、嚴也」。古來論將難出其右，其實《孫子》所言「將」，已經在最高指揮層級了，這些人要鍛鍊的是心智，「勞心」的部分遠遠超過「勞力」的部分，這在軍事上是很重要的突破，所以勞心者治人，自然提升將者的地位。在〈作戰篇〉有：「知兵之將，民之司命，國家安危之主也」。

〈謀攻篇〉有：「將者，國之輔也，輔周則國強，輔隙則國弱」來講，明顯的提高了軍事指揮者的地位，這是《孫子》的遠見。

〈火攻篇〉用「非利不動，非得不用，非危不戰。主不可以怒興軍，將不可以慍用戰；合於利而動，不合於利而止。怒可以復喜，慍可以復悅；亡國不可復存，死者不可復生。故明主慎之，良將警之，此安國全軍之道也」。〈用間篇〉有：「相守數年，以爭一日之勝，而愛爵祿百金，不知敵之情者，不仁之至也。非民之將也，非主之佐也，非勝之主也。故明主賢將，所以動而勝人，成功出於眾者，先知也」。這裡把良將與明主放在同一位置，更是明顯提高將領的重要。

另外直接提到將軍應有的特殊才能如：「夫地形者，兵之助也。料敵制勝，計險阨遠近，上將之道也」。（地形）「將軍之事，靜以幽，正以治。……。聚三軍之眾，投之於險，此謂將軍之事也。九地之變，屈伸之利，人情之理，

不可不察也」。（九地）這些是領導者與眾不同之處，不然為何要有將領？

其他〈軍爭篇〉的「將軍可以奪心」。〈九變篇〉的「將有五危：必死可殺，必生可虜，忿速可侮，潔廉可辱，愛民可煩。凡此五者，將之過也，用兵之災也。覆軍殺將，必以五危，不可不察也」。說明將領亦有弱點，所以在鍛鍊將領心性部分，須要自我惕厲的。

（二）《吳子》

戰國初期文化的各方面都起了絕大的變化。我們由《史記》中的記載只能知道那一百年間（約西前 470 至 370 年間）曾有幾個政治革命，革命的結果，國君都成了專制統一的絕對君主，舊的貴族失去春秋時代仍然殘留的一些封建權利。同時在春秋時代已經興起，但仍然幼稚的工商業，到春秋末戰國初的期，間已進入政治的領域。范蠡、子貢、白圭諸人的傳說，可代表此時商業的發達與商人地位的提高，傳統的貴族政治與貴族社會都被推翻，代興的是國君的專制政治與貴賤不分，最少在名義上平等的社會。在這種演變中，舊的文物當然不能繼續維持，春秋時代全體貴族，文武兩兼的教育制度無形破裂，所有的人現在都要靠自己的努力與運氣，去謀求政治上與社會上的優越地位。文武的分離開始出現。張儀的故事可代表典型的新興文人：

> 張儀已學而游說諸侯，嘗從楚相飲。已而楚相亡璧，門下意張儀。
> 曰：儀貧無行，必此盜相君之璧！共執張儀，掠笞數百。不服，
> 釋之。其妻曰：嘻！子毋讀書游說，安得此辱乎?張儀謂其妻曰：
> 視吾舌尚在不?其妻笑曰：舌在也。儀曰：足矣！（《史記・張儀
> 傳》）

這種人只有三寸之舌為惟一的法寶，憑著讀書所學的一些理論去游說人君。運氣好，可謀得卿相的地位；運氣壞，可受辱挨打。他們有軍事的知識，但個人恐怕無武術方面的技藝，與春秋時期那些「出將」時上馬挽弓搭箭，「入相」時知書達理，僅守人臣之分，且夙夜匪懈戮力為民，這是完全不同的。所以站在春秋時期的標準來看，他們是純粹的文人，舞文弄墨之外，舞槍弄棒是一點不願的。爾後又因他們的不勞而獲，指的是它們完全不用在出生入死的戰爭中冒生命危險，卻可獲得很高的報酬，甚至於可以指揮軍人，自然地位在武人之上，這些既得利益者前仆後繼，文武自然分途了。

另外一種人就專習武技，並又私淑古代封建貴族所倡導的俠義精神。聶政與荊軻的故事最足以表現這種精神。他們雖學了舊貴族的武藝與外表的精

神，但舊貴族所代表的文化已成過去。舊貴族用他們文武兼備的才能去維持一種政治社會的制度，他們有他們的特殊主張，並不濫用他們的才能。他們主要的目的，在國內是要維持貴族政治與貴族社會，在天下是要維持國際的均勢局面。這些新的俠士並無固定的主張，誰出高價就爲誰盡力，甚至賣命，也正如文人求主而事，只求自己的私利一樣。列國的君王也就利用這些無固定主張的人去實現君王自己的目的，就是統一天下。歷史已發展到一個極緊張的階段，兵制也很自然的擴張到極端的限度，專門的指揮者就益發的重要。

《吳子》以「總文武者軍之將」當條件提出來，可窺此中消息，似已漸有不相一致的趨勢。因當時的貴族已經沒落，將軍資質已很難合乎標準要求了。可惜它只含糊籠統說出上句話，到底文武爲何？還是一般早已知道文武包括那些要素，於此它無庸贅言，所以論將倒不如《孫子》直接了當說：「將者，智、信、仁、勇、嚴也」。讓人一目了然。

《吳子》專有〈論將篇〉，其中對於「勇」，他倒是有獨特的見解：「凡人論將，常觀於勇，勇之於將，乃數分之一耳。夫勇者，必輕合。輕合而不知利，未可也」。所以「勇者不得獨進，怯者不得獨退」，在這觀念上二人是相同的。

領導者、指揮者決定勝負，其實自古皆然，論將部分《孫子》也強調「將孰有能」，其實兵法所言皆是爲將之道，就是將軍之事，這是符合《吳子》說的「總文武者」，這樣就無所不包了。所以能「爲勝」之道，皆將軍之事，《吳子》論將中將領應具備的才能如：「知此四者（氣、地、事、力四機），乃可爲將。然其威、德、仁、勇，必足以率下、安眾、怖敵、決疑，施令、而下不犯，所在而寇不敢敵。得之國強，去之國亡。是謂良將」。但《孫子》強調「將能而君不御」，《吳子》卻不敢明確說出。

《吳子》提出占將之重要他說：「凡戰之要：必先占其將，而察其才。因其形而用其權，則不勞而功舉。其將愚而信人，可詐而誘；貪而忽名，可貨而賂；輕變無謀，可勞而困；上富而驕，下貧而怨，可離而間；進退多疑，其眾無依，可震而走；士輕其將，而有歸志，塞易開險，可邀而取；進道易，退道難，可來而前；進道險，退道易，可薄而擊；居軍下濕，水無所通，霖雨數至，可灌而沉；居軍荒澤，草楚幽穢，風飆數至，可焚而滅；停久不移，將士懈怠，其軍不備，可潛而襲。」又武侯問曰：「兩軍相望，不知其將，我欲相之，其術如何？」起對曰：「令賤而勇者將輕銳以嘗之，務於北，無務於得，觀敵之來，一坐一起，其政以理，其追北，佯爲不及，其見利，佯爲不

知；如此將者，名爲智將，勿與戰矣。若其眾讙譁，旌旗煩亂，其卒自行自止，其兵或縱或橫，其追北，恐不及，見利，恐不得，此爲愚將，雖眾可獲」。在觀察敵情方面直接提升到將領，這是高明的，因爲打仗在打將，在「吾以此知勝負矣」的《孫子》觀來看，「將孰有能」乃七分之一耳，但打仗在打將來看，加之你是總文武者，你已決定一切了。

在言「受命而不辭，敵破而後言返，將之禮也。故師出之日，有死之榮，無生之辱」。這裡提出軍人與眾不同的地方，明知「兵戰之場，立屍之地」，危疑震撼瞬息萬變的戰場，死生難卜，但將軍的認知是超乎常人的，所以它用將之「禮」來提高軍人的地位，站在人性高貴面來講，提升到禮的境界，《孫子》是不如他的。

其實中國人心目中的將領，經過歷代陶冶，還是回歸到出將入相的「儒將」立場，從曾、胡、左兵學綱要：「大抵揀選將材，乃求智略深遠之人，又須號令嚴明，能耐勞苦，三者兼備乃爲上選」。「帶勇之人，第一要才堪治民，第二要求不怕死，第三要不汲汲於名利，第四要耐受辛苦……四者似過於求備，而苟缺其一，則萬不可以帶兵。故吾謂帶兵之人，須智深勇沉之士，文經武緯之才；大抵有忠義血性，則四者相從以俱至；無忠義血性，則貌似四者，終不可恃」。〔註1〕

「天下強兵，在將；上將之道，嚴明果斷以浩氣舉事，一片肫誠；其次者，剛而無虛，僕而不欺，好勇而能知大義。要未可誤於驕矜虛浮之輩，使得以巧飾取容，真意不存，則成敗利鈍之間，顧忌太多而趨避愈熟，必至敗乃公事」。「將以氣爲主，以志爲帥；專尚馴謹之人，則久而必惰；專求悍驚之士，則久而必驕，兵事畢竟歸於豪傑一流，氣不盛者，遇事而氣先懾，而目先逃，而心先搖；平時一一稟承，奉命惟謹，臨大難而中無主；其識力既鈍，其膽力必減，固可憂之大矣。〔註2〕

「今人論將，當視乎勇，夫勇者，材之偏耳；勇必輕敵，非必勝之道也。夫將以五材爲體，五謹爲用；五材者，仁、信、智、勇、嚴也；五謹者，理、備、果、戒、約也；人君必知此十者」。「頻年涉歷軍事，凡於用人一事，頗嘗留心，大抵貴謀賤勇一說，未可盡恃。蓋好謀而成，原是統領之事，未可

〔註1〕 本節參考商務印書館，民國74年12月版，傅紹傑註譯《吳子今註今譯》，127頁。
〔註2〕 同註1。

盡以此，望之偏裨僚佐。」〔註3〕

看到這五材、五謹說，不就孫、吳二人綜合說，當然三人強調勇皆不可恃，儒將同樣不是強調以力服人的，所以將領心性鍛鍊之重要可見一般，同時看出孫、吳二人在論將方面對後世的影響之深。

二、領導統御

（一）《孫子》

全部《孫子兵法》，幾乎是寫給將領看的，究其原因就是要這些將領如何領導人，軍事上本就集體行動為主，烏合之眾，戰力何有？打仗打將，兵隨將轉，要取得戰爭的勝利，其重視軍隊之組織與建設，更重視如何領導作戰的將領，「死者不可以復生，亡國不可以復存」，將軍往往負成敗責任，任務艱難，心理承受壓力何等之大，〈九地篇〉講：「聚三軍之眾，投之於險，此將軍之事也」！戰爭是生死之爭，關係到參與者的生命，甚至於國家的生命，戰場上掌握生死的即為將領，不為別人。所以《孫子》對負此重責大任的將軍，其在「領導統御」問題方面，亦有深刻論述。它包括以下內容：將帥的品質、將帥的素養、軍隊的訓練、和諧的關係。

1. 將帥的品質

直接提出「智、信、仁、勇、嚴」為將帥應具備的品格特質。將帥是軍隊的組織者、統領者和指揮者，敵我雙方在戰場上的角逐，實際上是雙方將帥素質的較量，故將帥品德修養的好壞，對軍隊戰鬥力的強弱、戰爭的勝負、國家的前途至關重要。所以為「民之司命，國家安危之主」。〈作戰篇〉又說：「夫將者，國之輔也，輔周則國必強，輔隙則國必弱」。顯示其對將帥之無條件嚴格要求。將帥具備的「智、信、仁、勇、嚴」等五個條件的人才能算是將才。

「智」就是足智多謀，善於在瞬息萬變的情況下定出勝敵妙計，故能「戰勝不復，應形無窮」。它對直接對智將提出有：「智將務食于敵」、「智者之慮，必雜於利害。雜於利，故務可信也；雜於害，故患可解也」。其實總歸智是一種天生的稟賦，從〈始計篇〉知道：「此兵家之勝，不可先傳也」，看到《孫子》強調智是要有應變能力為主的。

「信」就是本身要有誠信，做到言必信，行必果，尤其「憲令著於官府，

〔註 3〕同註 1。

賞罰必於民心」，賞罰分明，自然軍紀嚴明，如此而能「令素行，與眾相得」。

「仁」就是愛，有愛才能關懷部屬，對自己部隊能「視卒如嬰兒」、「視卒如愛子」，「進不求名，退不避罪，為民是保」，在「相守數年，以爭一日之勝」時，不愛爵祿百金。對敵人戰勝攻取時，不濫殺無辜，全爭的最高境界是「全國為上」，對戰爭是慎始慎終，達到「知天知地，勝乃可全」之完美境界。

「勇」是一種氣勢，他說：「勇、怯，勢也」，當然最直接就是氣力的表現，就是身先士卒，并力一向，但《孫子》強調軍事行動集體為之的重要，所以軍爭時要求「勇者不得獨進，怯者不得獨退」。

「嚴」就是律己嚴，進而要求部署嚴，號令嚴明之下，軍紀自然如山，鋼鐵一般的部隊，一定是軍令森嚴的，嚴之對將帥本身何其重要，將帥必定要以身作則，接著法令行→士卒練→兵眾強，一步一步，環環相扣。

2. 將帥的素養

素養是靠後天培養出來的，《孫子》並針對將帥中的一些偏激的弊病提出警告：「將有五危：必死（蠻幹死拼），可殺也；必生（只顧保命），可虜也；忿速（容易衝動），可侮也；廉潔（只顧廉潔），可辱也；愛民（婦人之仁），可煩也。凡此五者，將之過也，用兵之災也。覆軍殺將，必以五危，不可不察也」。（九變）其意在要求將帥在才能修養上，能夠均衡發展無所偏失。

在對士卒的愛護方面，固然是統御之策，但要適度，否則太過份反得其害，曰：「厚（厚養）而不能使（指使），愛（寵愛）而不能令（命令），亂（違紀）而不能治（懲誡），譬若驕子，不可用也」。（地形）又假如為將者不具備知兵識兵，知官識官素養，對部屬了解不夠，其戰必敗，《孫子》舉六個例子來說明此番道理：「夫勢均，以一擊十，曰走；卒強吏弱，曰弛；吏強卒弱，曰陷；大吏（偏將）怒而不服，遇敵懟（心懷怨恨）而自戰，將不知其能（不能控制），曰崩；將弱不明（闇暗昏庸），教道不嚴，吏卒無常（規矩），陳兵縱橫（雜亂無章），曰亂；將不能料敵，以少合眾，以弱擊強，兵無選鋒（經選拔的特種隊伍），曰北。凡此六者，敗之道也，將之至任，不可不察也」（地形）。

3. 軍隊的訓練

兵戰之場，立屍之地，以不教民戰，是謂棄之。軍隊一定是有訓練的團體，不然毫無戰力可言，戰場上如肉包打狗，有去無回，這是何等殘忍之事，所以要建設一支戰鬥力強的軍隊，除選好將帥之外，還必須在平時對士卒進

行嚴格訓練。《孫子》在談論戰爭雙方勝負條件時，其中之一就是「士卒孰練」。方法是「治眾如治寡」，工具是「金鼓旌旗」，用來「一人之耳目也」，讓「人既專一，則勇者不得獨進，怯者不得獨退，此用眾之法也」。（軍爭）軍隊在金鼓旌旗的指揮下，進退整齊，步調一致，這是平時的教育、操練，使士兵養成服從命令聽指揮的習慣。故「令素行以教其民，則民服；令不素行以教其民，則民不服」。至於如何訓練的問題，《孫子》在〈勢篇〉說：「凡治眾如治寡，分數是也；鬥眾如鬥寡，形名是也」。軍隊能在平時刻苦操練，戰時自然適應戰場，所謂平時多流汗，戰時少流血。

4. 和諧的關係

　　往往勝敵在和不在眾，「上下同欲者勝」就是和，這和諧之關係可分為將帥與士卒間的和諧關係與將帥與國君間的和諧關係兩個方面。前者，已多有論述，如官兵之間若真誠對待，感情融洽，同甘共苦，就能產生巨大的凝聚力，在將帥號令之下，士兵個個奮勇當先，視死如歸，成為一支戰無不勝，攻無不克的軍隊，在此不贅述。

　　至於君主和將領間的關係，《孫子》在〈軍爭〉和〈九變〉兩篇開頭，都同時使用「凡用兵之法，將受命於君，合軍聚眾」，表明將領承受國家元首之命執行動員軍隊，集結兵力以從事軍事作戰之任務，但在〈九變篇〉卻同時又說「君命有所不受」，兩句似有矛盾。實則所謂「君命有所不受」當指指揮作戰而言。就層次區分，國君有宣戰、任命將領作戰之權利，一旦交付作戰命令，則實際指揮用兵之權應屬將領權宜運作，國君不可多方干涉，因為戰場危疑震撼，瞬息萬變，非第一線指揮官，根本無法當機立斷，且國君自幼即教導：「閫之內，朕治之」的道理。另外在〈地形篇〉又提出：「戰道必勝，主曰無戰，必戰可也；戰道不勝，主曰必戰，無戰可也。故進不求名，退不避罪，唯民是保，而利於主，國之寶也」。《孫子》不斷闡述「將在外，君命有所不受」、「將在軍，君命有所不受」的觀念。主要就是為了和諧，從「唯民是保，而利於主」來看，他是沒有私心的。

　　我們又從〈謀攻篇〉看，「將能而君不御者勝」，何以「君」對「將」不可多所駕御？《孫子》解釋說：「君之所以患（遺害）於軍者三：不知軍之不可以進，而謂之進；不知軍之不可以退，而謂之退，是謂縻軍（牽制軍隊）。不知三軍之事，而同三軍之政者，則軍士惑矣。不知三軍之權，而同三軍之任者，則軍士疑矣。三軍既惑且疑，則諸侯之難至矣，是謂亂軍引勝（自亂

軍心以致於被敵所勝）。」反之，若由於將領掌握軍權、武力而不受國家元首指揮節制，國家亦必引起動亂。故如何求其適中之道，乃軍事作戰上至高的藝術。這就是《孫子》所謂「上下同欲者勝」的道理。

　　由上分析可知，《孫子兵法》論領導統御，其中包含著許多深刻的見解。根據這些觀點，要組織和建設一支精銳的、戰鬥力強的軍隊，必須愼選有治軍才能、有五種優秀品德的將帥；部隊必須在平時加強組訓，使不分「貴賤、少長、遠近」一律平等接受軍令，利用「分數」和「形名」扎實訓練，以適應作戰需求；必須強化內部關係，使之和諧融洽，上下同欲，方能上下一心，戰時指揮才能若使一人。《孫子》這些軍事上的卓越見解，至今軍隊的領導者仍奉爲圭臬。

（二）吳　子

　　吳起去魯奔魏，事文侯、武侯父子，這種「布衣卿相」，非本國皇親國戚或貴冑之後，外來客的心態，深知權力來自國君，所以領導統御上，一定透過國君，由上至下，自己絕不越權，雖然孫武爲官身份同樣由布衣一登卿相，但孫武敢在「主曰勿戰」或「主曰必戰」的特殊條件下，說：「可也」。吳起絕這不會擅自作主的說：「可也」的。所以他相當倚賴君主來達到領導統御的目的，換句話說他是透過軍隊對國君的效命，國君在授權給他指揮，因此本身的主觀意識絕不像孫武般強烈，這是他和孫武最大的不同地方。全書大都以回答國君的問話爲主寫成，自己的主張，由國君的認同，達到別人的認同，這亦是與《孫子》大不同的。但前面所言《孫子》在將帥的品質、將帥的素養、軍隊的訓練、和諧的關係等有關領導統御的部分，這是將領皆須具備的條件，唯吳起倚賴君主部分是較明顯的。從〈圖國篇〉看：「於是文侯身自布席，夫人捧觴，醮吳起於廟，立爲大將，守西河」。由國君的禮賢下士來凸顯自己，進而達到領導的地位，這種捧國君，相對著自己水漲船高的手法，是相當高明的。另外「民知君之愛其命，惜其死」（圖國）、「君舉有功而進饗之，無功而勵之」（勵士），皆把國君放在第一位戴高帽子的作法，從領導統御與心理學相互爲用的角度來講，這是孫子無法企及的，時移至今，這種方法仍是無往不利的。

三、形　勢

（一）《孫子》

　　軍事上《孫子》特別強調的形與勢，它透過單篇的介紹，讓此二者在我國古代成爲重要的軍事術語，而且形與勢二篇是偏重於軍事方面的探討，形是指

在一定的外在軍事實力，由地生度至稱生勝有「形」的基礎上，顯示出「先勝」即「先立於不敗之地」的軍事實力，那就是「若決積水千仞之谿」的「形」。勢是指軍隊經過「治」的功夫，成為堅強的鋼鐵之師，然後透過主觀的軍事運動，所造成的有利態勢和強大的衝擊力量，那就是「如轉圓石於千仞之山」的「勢」。這種軍事實力的運用和發揮，《孫子》認為當有形力量之「形」和無形力量之「勢」兩者相互配合的結果，足可以形成絕對優勢而戰勝敵人，這種勝兵先勝的觀念，至今都是軍事家最希望的想法與作法。其實二者亦可視〈形篇〉為「體」，視〈勢篇〉為「用」，二者相互為用，如循環之無端矣。

假使兵力不足，避實擊虛是必要的手段，不然「小敵之堅，大敵之擒也」。因此「我專敵分」的觀念一定要有，可「示形」（製造假象迷惑敵人）以造成局部優勢。如何創形造勢其先決條件在於「先」字，就是所謂「先知」、「先勝」、「先至」的三先論。當然先從形與勢說起。

第一、「若決積水於千仞三谿」的「形」。如何先為不可勝？這個形應如何創造？如何先立於不敗之地？《孫子》認為「修道保法」是不二法門。知道兵之有形，運用這有形兵力就是藝術了，所以《孫子》說：「識眾寡之用（知敵眾寡，然後起兵應之）者勝」。（謀攻）對此有形戰力之運用原則，「故用兵之道，十則圍之，五則攻之，倍則分之，敵則能戰之，少則逃之，不若則避之」。（謀攻）是絕對優勢作為的戰略指導原則。又「故勝兵若以鎰稱銖，敗兵若以銖稱鎰。勝者之戰，若決積水於千仞之谿者，形也」。（軍形）積水在千仞之上，其勢高已不可測，若再決其水而下，則湍急莫之能禦者。然有形力量之「形」如何可知？《孫子》曰：「兵法：一曰度、二曰量、三曰數、四曰稱、五曰勝。地生度、度生量、量生數、數生稱、稱生勝」。（軍形）孫子所用以確定優勢之方法與現代之科學精神是相符合的。

第二、「若轉圓石於千仞之山」的「勢」。同樣如何如碬投卵者這個勢應如何創造？如何如江河之不竭？如何如循環之無端？《孫子》認為「治」之為上，是不二法門。與其他兵家較不同的是，《孫子》重「勢」過於重「人」，故曰：「善戰者，求之於勢，不責於人。故能擇人而任勢」。（兵勢）當然政治上的勢，亦是重要的，《孫子》曰：「計利以聽（分析利害而被採納），乃為之勢，以佐其外（輔佐作戰之遂行）；勢者，因利而制權（機動應變）也」。（始計）軍事上的勢則要：「激水之疾，至於漂石者，勢也；鷙鳥（凶猛鳥類）之擊，至於毀折（捕殺）也，節也。是故善戰者，其勢險，其節短。勢如彍弩

（拉滿的弓），節如發機（弩機）」、「治、亂數也，勇、怯勢也，強、弱形也」、「如轉圓石於千仞之山者，勢也」（兵勢）。這些氣勢都可產生心理上極大的威脅，任何人也無法攔擋。然若敵軍本就恃眾驍武，我軍則須運用謀略，甚至「示形」製造假象，以使我軍成為兵眾勢強，我專敵分之態勢，如此仍可造成局部優勢，發揮以寡擊眾、以弱勝強的戰爭目標。《孫子》曰：「故形人而我無形，則我專而敵分，我專為一，敵分為十，是以十攻其一，則我眾而敵寡」。（虛實）又「善用兵者，能使敵人前後不相及，眾寡不相恃，貴賤不相救，上下不相收，卒離而不集，兵合而不齊」。（九地）如此，敵不知我所攻，不知我所守，我便「能為敵之司命（主宰）」（虛實）。這些利用形勢，然後奇正相生，每戰不殆的戰法，誠如《孫子》所言：「眾皆知我所以勝之形而莫之我所以制勝之形」了。

　　第三、「動而勝人，成功出眾」的「先知」。敵情為一切戰略戰術之根源，「故為兵之事，在詳順敵之意」。（九地）「明君賢將所以動而勝人，成功出眾者，先知也」。更申論說：「不知敵之情者，不仁之至也，非人之將也」。（用間）《孫子》認為可以從觀察、用間、比較三方面來先知敵情。觀察某些徵候以判知敵情者，如「敵近而靜者，恃其險也；遠而挑戰者，欲人之進也；眾樹動者，來也；眾草多障者，疑也；鳥起者，伏也；獸駭者，覆也；塵高而銳者，車來也；……兵怒而相迎，久而不合，又不相去，必謹察之。」（行軍）；亦可經由我之設計引誘而觀測敵人行動，以知其虛實，曰：「策之而知得失之計，作之而知動靜之理，形之而知死生之地，角之而知有餘不足之處」。（虛實）此其一。其二，必須實事求是的從知道敵情的人那裡獲知敵情，而不是盲目類推，故曰：「先知者，不可取於鬼神，不可象於事（類比推測），不可驗於度（驗證於天象），必取之於人，知敵之情者也」。（用間）知敵情之人如何而得？就在用間。其有「鄉間（以本國鄉人為間者）、內間（以敵之官民為間者）、反間（以敵人之間諜為我間者）、死間（假傳情報必為敵所捕殺之間者）、生間（派往敵境而能生返之間者）」（用間）。其三，在國家廟堂之上「校之以計，而索其情」的精打細算，仔細將敵我條件加以對比，而且要料敵從寬，不可有先入為主的成見。曰：「夫未戰而廟算勝（計畫詳盡）者，得算多（勝利條件多）也；未戰而廟算不勝者，得算少也。多算勝，少算不勝，而況無算乎？吾以此觀之，勝負見矣。」至於如何去算以保持勝勢？有七個可探求比較的項目：「主孰有道，將孰有能，天地孰得，法令孰行，兵眾孰強，

士卒孰練，賞罰孰明」（始計）。

第四、「恃吾有以待之」的「先勝」。以「伐謀」、「伐交」克敵制勝，固甚巧妙，但也並非無往不利，其必不得已仍要「伐兵」、「攻城」，故平時要佈署用兵的先勝態勢，「故用兵之法，無恃其不來，恃吾有以待之；無恃其不攻，恃吾有所不可攻也。」（九變）可見先勝之態勢取決於萬全之準備，有萬全之準備則能步步佔先，著著制敵，所以：「昔之善戰者，先為不可勝，以待敵之可勝（弱點暴露之可乘之機），不可勝在己，可勝在敵。故善戰者，能為不可勝，不能使敵必可勝，故曰：勝可知（預測）而不可為」。（軍形）是在戰前準備和戰略佈署上，能先做到不敗之境地。同時，當敵人暴露出弱點，有可勝時機，要毫不猶豫的把握，因為一切先勝的部署都是為了等待這個時機的到來。《孫子》曰：「故善戰者，立於不敗之地，而不失（錯過）敵之敗（失敗的時機）也。是故勝兵先勝（先造成必勝條件）而後求戰，敗兵先戰而後求勝」。（軍形）此外，甚至可以採取非軍事行動使敵陷於自顧不暇，無法對我造成危害性威脅。《孫子》曰：「屈（使之屈服）諸侯者以害（扼其要害），役（勞之）諸侯者以業（瑣碎事務），趨（令使之來）諸侯者以利」（九變）。

第五、「致人而不致於人」的「先至」。《孫子》認為在作戰過程中，誰能爭取主動，誰就有操勝券之可能，故主張先發制人，主動出擊。認為「先處戰地而待敵者佚（閒逸），後處戰地而趨戰（奔走應戰）者勞（勞倦）。故善戰者，致人（調動）而不致於人」。（虛實）如何能做到這一點？其闡述道：「能使敵人自至者，利之（利誘之）也；能使敵人不得至（至目的地）者，害之（計謀害之）也。」「故敵佚能勞之，飽（補給充足）能飢之，安（安閒穩固）能動之。」此是要使敵疲於奔命，從而陷入不利之境地。正因為主動權在我，我能避實擊虛，攻敵不備，且能在我所預期之時空之中採取守勢，敵仍無奈我何，「進而不可禦者，衝（攻擊）其虛也；（我）退而（敵）不可追者，速而不可及也。故我欲戰，敵雖高壘深溝，不得不與我戰者，（我）攻其所必救（敵之要害）也；我不欲戰，雖畫地而守之，敵不得與我戰者，乖（轉移）其所之（敵之進攻方向）也」。而掌握先發主動必須做到「無形」、「無聲」，所謂「無形」是敵人看不出我的行動；所謂「無聲」是敵人猜不透我的企圖，否則就要便成被動而受制於人。當我方處於劣勢之時，更須採取主動，則可以點制面，以少取多，先在各個決戰點上以主動方式，取得優勢，積小勝為大勝，化局部勝利為全面勝利。《孫子》說：「勝可為也，敵雖眾，可使無（與

我）鬥」。

知己知彼的「先知」，《孫子》是透過用間來知敵情的先知，戰爭早取決於準備之日的「先勝」，致人而不致於人的主動「先至」，這種以逸待勞方式，用這三先來形成敵、我之間「形」與「勢」的絕對優、劣對比，則戰無不克而攻無不勝矣。

（二）《吳子》

吳起未如孫武一般將軍事上之形與勢說明的如此明白，讓爾後軍事家，對有形、無形戰力的創造與發揮，皆有所遵循。但既爲兵家，此種戰力必有所描述，今分述如下：

1. 政治上的勢

《吳子》大都寫在〈圖國篇〉，以下皆出自〈圖國〉：「內修文德，外治武備」、「必先教百姓而親萬民」、「綏之以道，理之以義，動之以禮，撫之以仁。此四德者，修之則興，廢之則衰」、「凡制國治軍，必教之以禮，勵之以義，使有恥也」、「古之明王，必謹君臣之禮，飾上下之儀，安集吏民，順俗而教，簡募良材，以備不虞」、「君能使賢者居上，不肖者處下；民安其田宅，親其有司」，以上這些儒家的治國理想，利用政治的力量來達到「民附」國強的態勢，這與法家的富國強兵是不一樣的。當然《孫子》明確的用五事七計的「計利以聽」來說明政治上的態勢，也是完全不一樣的。同樣希望國家有強盛的態勢，從政治清明、恪遵法令來講，二人原則上是相同的，因爲《孫子》亦強調「修道保法」的重要。

2. 軍事上的勢

從《孫子》的軍「形」與兵「勢」看，實際上那是一種「態勢」，是只可意會，不可言傳的感受，假使對方的兵力看到的是「若決積水於千仞三谿」的「形」與「若轉圓石於千仞之山」的「勢」，那種窒息與壓迫的感覺，自然就由衷生起，認誰也希望部隊能如此，只是吳起用另外方式形容，如〈治兵篇〉有：「所謂治者，居則有禮，動則有威，進不可當，退不可追，前卻有節，左右應麾，雖絕成陳，雖散成行。與之安，與之危。其眾可合，而不可離，可用，而不可疲，投之所往，天下莫當，名曰父子之兵」。這裡的「天下莫當」，就是一種「態勢」。〈應變篇〉有：「凡戰之法，晝以旌、旗、旛、麾爲節，夜以金、鼓、笳、笛爲節。麾左而左，麾右而右，鼓之則進，金之則止。一吹

而行，再吹而聚，不從令者誅。三軍服威，士卒用命，則戰無強敵，攻無堅陳矣」。在「戰無強敵，攻無堅陳」來看，不也是「天下莫當」的態勢。又〈勵士篇〉有：「一人投命，足懼千夫。今臣以五萬之眾而爲一死賊，率以討之，固難敵矣」。這句同樣有那不懼死的士氣，這無形士氣的勢，敵人實其難當。

四、眾寡之用

（一）《孫子》

在絕對的優勢主義下，《孫子》是強調以眾擊寡的，他對於以寡擊眾是持反對的態度，因爲從科學的角度來分析，也就是從純物質面來觀察，寡不可能勝眾的，當然撇開有形的物質面，戰爭還包括無形的士氣，這往往是決定勝負的關鍵，自古以寡擊眾而勝利的戰爭，也是所在多有，但其中的因緣際會，終非實際的準備來的實在，所以《孫子》是採「無恃其不來，恃吾有以待之；無恃其不攻，恃吾有所不可攻也」（九變）。這種戰爭的勝利早取決於準備之日的原則，來看待戰爭的。下面看他以眾擊寡的重要觀點：

一、夫未戰而廟算勝者，得算多也；未戰而廟算不勝者，得算少也。多算勝，少算敗，況無算乎！吾以此觀之，勝負見矣。（始計）

二、用兵之法：十則圍之，五則攻之，倍則分之，敵則能戰之，少則能逃之，不若則能避之。故小敵之堅，大敵之擒也。（謀攻）

三、知眾寡之用者勝。（謀攻）

四、昔之善戰者，先爲不可勝，以待敵之可勝；不可勝在己，可勝在敵。故善者，能爲不可勝，不能使敵可勝。故曰：勝可知，而不可爲也。（軍形）

五、古之善戰者，勝於易勝者也。故善戰者之勝也，無智名，無勇功。故其戰勝不忒，不忒者，其所措必勝，勝已敗者也。故善戰者，先立於不敗之地，而不失敵之敗也。是故，勝兵先勝，而後求戰；敗兵先戰，而後求勝。（軍形）

六、地生度，度生量，量生數，數生稱，稱生勝。故勝兵如以鎰稱銖，敗兵如以銖稱鎰。（軍形）

七、故勝者之戰，如決積水於千仞之谿，形也。（軍形）

八、兵之所加，如以碬投卵者，實虛是也。（兵勢）

九、凡戰者，以正合，以奇勝。故善出奇者，無窮如天地，不竭如江河。

（兵勢）

十、激水之疾，至於漂石者，勢也；鷙鳥之擊，至於毀折者，節也。（兵勢）

十一、故善戰者之勢，如轉圓石於千仞之山，勢也。（兵勢）

十二、故形人而我無形，則我專而敵分。我專爲一，敵分爲十，是以十攻其一也。則我眾而敵寡：能以眾擊寡者，則吾之所以敵者，約矣。（虛實）

十三、吾所與戰之地不可知，不可知，則敵之所備者多；敵之所備者多，則我之所與戰者寡矣。故備前者後寡，備後者前寡；備左者右寡，備右者左寡；無所不備，則無所不寡。寡者，備人也；眾者，使人備己也。（虛實）

十四、謹養而勿勞，并氣積力，運兵計謀，爲不可測。（九地）

以上這是《孫子》以眾擊寡戰略、戰術的總體描述，所以它是絕對的優勢兵力主義者，若反之，他最精彩的結論就是：「小敵之堅，大敵之擒」，眞是戰場上至理名言。

《孫子》認爲以寡擊眾之結果是：

「夫勢均，以一擊十，曰走」；「將不能料敵，以少合眾，以弱擊強，兵無鋒，曰北」。（地形）

從客觀的角度看，《孫子》是正確的，我們不能心存僥倖的冀望另外的因素出現，如天時、地利、人和或士兵當時的心理狀態等，能出其意外的打勝仗，《孫子》的「出其不意，攻其無備」，對自己本身武力狀態都是經過深思熟慮的，戰爭毫無僥倖心理存在的。

軍爭爲危，軍爭爲利。舉軍而爭利，則不及；委軍而爭利，則輜重捐。是故，卷甲而趨，日夜不處，倍道兼行，百里而爭利者，則擒三將軍；勁者先，疲者後，則十一至。五十里而爭利，則蹶上將軍，其法以半至。三十里而爭利，則三分之二至。（軍爭）

這裡的「十一至」、「半至」、「三分之二至」，在在說明原有的打擊軍隊，因以上狀況，由多變少，所以從事戰鬥中自然不利，若「蹶將軍」而使戰爭獲勝，站在勝利要付出代價來講，是合理的，但往往事與願違，從孫臏擒龐涓中，孫臏借用此法獲勝，部將問他原因，他直接說：「兵法有云：百里而爭利者，則擒三將軍……」。所以以寡擊眾而獲勝，是有其他特殊原因的。

　　《孫子》在〈行軍篇〉有「兵非益多也，惟無武進，足以并力、料敵、取人而已。唯無慮而易敵者，必擒於人」。這裡強調的是精兵主義，是經過訓練的兵，絕不是烏合之眾，所以「越人之兵雖多，亦奚益於勝哉」？因為他們不知戰地，不知戰日，又處處防備，所以這不是以寡擊眾的說明，而《孫子》是在強調惟無武進，足以并力、料敵、取人而已。其中「并力」是最清楚的表示越人雖兵多，但「無所不備，無所不寡」，被「我專為一，敵分為十」的情況下，為《孫子》的優勢兵力所擊潰。

（二）《吳子》

　　以眾擊寡是理想，但事與願違，戰場上瞬息萬變，兵力上總有劣勢時，吳起倒提出了許多見解。《吳子》的以寡擊眾的例子有：

> 「然則，一軍之中，必有虎賁之士，力輕扛鼎，足輕戎馬，搴旗斬將，必有能者。若此之等，選而別之，愛而貴之，是謂軍命。其有工用五兵，材力健疾，志在吞敵者，必加其爵列，可以決勝。厚其父母妻子，勸賞畏罰，此堅陳之士，可與持久。審能料此，可以擊倍」。（料敵）

> 「有不卜而與之戰者，……徒眾不多，水地不利，人馬疾疫，四鄰不至」。（料敵）

> 「武侯問曰：吾欲觀敵之外，以知其內；察其進，以知其止，以定勝負。可得聞乎？起對曰：敵人之來，蕩蕩無慮，旌旗煩亂，人馬數顧；一可擊十，必使無措。諸侯未會，君臣未和，溝壘未成，禁令未施，三軍洶洶，欲前不能，欲後不敢；以半擊倍，百戰不殆」。（料敵）

> 「武侯問曰：若敵眾我寡，為之奈何？起對曰：避之於易，邀之於阨。故曰，以一擊十，莫善於阨；以十擊百，莫善於險；以千擊萬，莫善於阻。今有少卒，卒起，擊金鳴鼓於阨路，雖有大眾，莫不驚動。故曰，用眾者務易，用少者務隘」。（應變）

> 「武侯問曰：有師甚眾，既武且勇，背大阻險，右山左水，深溝高壘，守以強弩，退如山移，進如風雨，糧食又多，難與長守，則如之何？起對曰：……能備千乘萬騎，兼之徒步，分為五軍，各軍一衢。夫五軍五衢，敵人必惑，莫知所加。敵若堅守以固其兵，急行間諜，以觀其慮。彼聽吾說，解之而去。不聽吾說，斬使焚書，分

爲五戰，戰勝勿追，不勝疾走，如是佯北，安行疾鬥，一結其前，一絕其後，兩軍銜枚，或左或右，而襲其處，五軍交至，必有其利。此擊強之道也」。（應變）

「是以一人投命，足懼千夫。今臣以五萬之眾而爲一死賊，率以討之，固難敵矣。於是武侯從之。兼車五百乘，騎三千匹，而破秦五十萬眾」。（勵士）

在戰術上的以寡擊眾，當然這都有它假設的先決條件，不然以少合眾，勝算畢竟是小的。另外在其他假設下，如何在兵力上作眾寡之用，亦有以下說明：

武侯問曰：敵近而薄我，欲去無路，我眾甚懼，爲之奈何？起對曰：爲此之術，若我眾彼寡，分而乘之，彼眾我寡，以方從之，從之無息，雖眾可服。（應變）

武侯問曰：若遇敵於谿谷之間，傍多險阻，彼眾我寡，爲之奈何？起對曰：遇諸丘陵、林谷、深山、大澤，疾行亟去，勿得從容。若高山深谷，卒然相遇，必先鼓譟而乘之，進弓與弩，且射且虜。審察其治，亂則擊之勿疑。（應變）

觀察敵情，發現實力不如敵人時，吳子同樣也採取避之的態度，所以有不占而避之者六：「一曰，土地廣大，人民富眾。二曰，上愛其下，惠施流布。三曰，賞信刑察，發必得時。四曰，陳功居列，任賢使能。五曰，師徒之眾，兵甲之精。六曰，四鄰之助，大國之援。凡此不如敵人，避之勿疑。所謂見可而進，知難而退也」。（料敵）

兵力的眾寡，在敵我雙方都要面對的問題，《孫子》在〈虛實篇〉說：「以吾度之，越人之兵雖多，亦奚益於勝哉」？這時他是以「知戰之地，知戰之日」來說的，當然前提是這些作戰士兵是有訓練的，所以兵力的眾寡，還是用「治」來衡量的，同樣《吳子》在〈勵士篇〉也說明此點：「武侯問曰：兵以何爲勝？起對曰：以治爲勝。又問曰：不在眾乎？起對曰：若法令不明，賞罰不信，金之不止，鼓之不進，雖有百萬，何益於用」。這點二人是相同的。

最後我們從《孫子》僅提出「識眾寡之用者勝」，這只作原則上的說明是比較高明的，因爲運用之妙，存乎一心，將領本就要靠自己的領導藝術來指揮全局，縱橫全場的，《吳子》提出假設性的問題，但戰場向來瞬息萬變，太多不定的因素，讓戰況混沌不明，所以此點《孫子》有高出於吳子的。

第四節　心　理

　　實行戰鬥的主體是人，主導人行為的是心理，所以為將者當然知道掌握人心理的重要，而且敵我雙方主將與士兵的心理都需掌握清楚的。中國古代如楚漢相爭時，張良建議劉邦使用心理戰術，集結大批漢軍圍在楚軍營帳外，開始唱起悲涼的楚歌，勾起楚國士兵們的思鄉情緒，個個傷心落淚，失去了「決一死戰」的決心。另外諸葛亮的「空城計」也是，他運用「疑心病」的心理，洞悉敵人主帥的心疑，以計謀勝敵，而非使用兵鬥。這兩個例子是我們耳熟能詳的，但「心戰」或「心理戰」的名稱，晚近到二十世紀三十年代才出現，實際上它的存在卻和人類戰爭史一樣久遠。

　　我們先對現代心理戰做一描述：「心理戰是用以屈服敵人意志，影響敵人情緒，促其心理變化，導致敵人歸向我方，是無形最有效的戰法。其進行策劃，應依據全般作戰行動與各種不同之心理及其各人不同之利害關係，針對敵人弱點，有計畫的運用宣傳與其他行動，使敵人在不知不覺中投入我之懷抱，產生對我有利之反應與行動，以達到預期目的」。換言之，心理戰目標是瓦解敵人戰鬥意志，動搖其信心，產生對我有利之反應與行動，達到不戰而屈人之兵目的。再看所謂「心理戰」即運用心理學的原理原則，以人類的心理為戰場，有計畫的採用各種手段，對人的認知、情感和意志施加影響，在無形中打擊敵人心志，以最小的代價換取最大的勝利和利益。

　　現代戰爭中，心理戰則是以經濟與軍事強勢為後盾，以高科技手段為媒介，擺脫武力戰的範疇，成為一種獨立的戰爭形態。心理戰包括「心理攻擊戰」和「心理防禦戰」。心理攻擊戰以攻擊敵方的心理，使其產生錯覺、動搖信心、摧毀意志，達到瓦解敵方戰鬥力的目的。心理防禦戰則是鞏固己方的心理防線，堅定求勝信念，保持高昂的戰鬥士氣。而且現代的心理戰作用於戰爭的全部過程，在軍事、政治、經濟、文化等方面，針對敵方、盟友、民心、士氣等對象，利用傳單、廣播、報紙、書籍、電視、網路等媒體，以進行各種宣傳、襲擾、分化的手段。此外，它也廣泛使用於和平時期，為了壯大本身在政治、經濟和外交的實力，而採取締結同盟、孤立對手，使形勢有利於己方的手段。

　　此外，由於心理戰以政治、經濟、軍事勢力為依附，經由專門的組織協調機構，綜合各學科、技術和方法的運用，才能無障礙的溝通和協調，在戰時能迅速建立起各領域的心理作戰專業隊伍，發揮心理作戰的最大功用。

從以上知道心理戰已經是專門的學問，隨著時代的演變，戰爭在內容、方法和手段的不斷更新，心戰變成更加重要。當敵對雙方勢均力敵時，心理優劣將成為勝負天平上的決定之「砝碼」；敵優我劣時，心理鬥爭又可能成為出奇制勝的奇招。這次的美、伊戰爭中，美國部隊在武器和技術上占盡優勢，但還是使出渾身解數，從政治、經濟、外交、宣傳等多方面開展心理戰，人說其心理戰的花費是僅次大規模的轟炸，其實大規模的轟炸不過是轟垮敵人的心理，可見心戰之層次之高。

我們知道軍事家推崇備至的《孫子兵法》，他從戰略上高度肯定了心戰的地位，以兵不血刃達到「不戰而屈人之兵」的戰爭的最高境界，但現今的心理戰是隨時代發展而漸趨完備的，孫、吳二人在兵法中，亦有關於心理戰的敘述，「圖難必於易、為大必於細」，二人於心理戰之形成，自有其功。尤其《孫子》在觀察敵我雙方人員的戰場心理狀態上，多所描述，這是相當獨到的；吳起在了解心理，進而利用心理上，亦有其高明之處。對於掌握戰場心理，方能知己知彼克敵制勝，古往今來，這是亙古不易的。

一、《孫子》

（一）戰略上的心理戰：伐謀、伐交。

主張「上兵伐謀，其次伐交，其次伐兵，其下攻城」的戰略，實際就是「攻心為上，攻城次之；心戰為上，兵戰次之」的戰爭指導思想。伐謀、伐交達到「不戰而屈人之兵」，在這之中是用武力為後盾，先為不可勝的「勝兵先勝」思想，讓敵人自知無法與我抗衡，因為伐謀後，你的謀略處處屈居在下風，伐交後，你無與國，自然四鄰不至，整體戰爭面都不如人時，非屈服於人了，其間一定要知諸侯之謀，以「屈諸侯以害，役諸侯以業，趨諸侯以利」（九變）為手段，則伐謀、伐交攻心為主的心理戰，將無往不利。

（二）戰術上的心理戰

治心為要，心治則部隊定，定則穩，穩則固，固就是鋼鐵一般部隊，所以不躁進妄動，能并力一向，故《孫子》說：「以治待亂，以靜待譁，此治心者也」（軍爭）。所以戰術上的心理戰，治心第一。當然孫子在戰術上利用對方心理，達到戰勝目的的有：「利而誘之，亂而取之，實而備之，強而避之，怒而撓之」（始計）、「敵佚能勞之，飽能飢之」（虛實），這些是為將者要掌握的。

（三）戰鬥上的心理戰

〈軍爭篇〉所言：「高陵勿向，餌兵勿食，窮寇勿迫，銳卒勿攻；背丘勿逆，佯卻勿從，圍師必闕，歸師勿遏」，此「防敗八法」，主要在戰鬥當中知道對方心理，我們從窮寇勿迫中曉得狗急跳牆之理，若逼迫之狠之急，那他不要命的反撲，相對的我們就要付出相當大的代價。

（四）了解將領的心理

〈九變篇〉有云：「故將有五危：必死可殺，必生可虜，忿速可侮，潔廉可辱，愛民可煩」。將軍應是：「靜以幽，正以治」的。可是將軍一樣百態，了解這些心理，戰爭中方能運用自如，致人而不致於人了。而且此五者之嚴重性，《孫子》說的相當明白：「凡此五者，將之過也，用兵之災也。覆軍殺將，必以五危，不可不察也」。

（五）了解戰場人員的心理

觀察敵我雙方人員的戰場心理狀態，《孫子》歸納出的一些情況，至今仍然是很好的參考：「夜呼者，恐也；吏怒者，倦也。殺馬肉食者，軍無糧也；諄諄翕翕，徐與人言者，失眾也；數賞者，窘也；數罰者，困也。先暴而後畏其眾者，不精之至也。來委謝者，欲休息也。兵怒而相近，久而不合，又不相去，必謹察之」（行軍）。這些有領導人，有士兵，若撇開詭詐，那種情況下，人心理應該都如此。

對於入侵士兵的心理描述更是深入：「凡為客之道：深入則專……兵士甚陷則不懼，無所往則固，深入則拘，不得已則鬥。是故，其兵不修而戒，不求而得，不約而親，不令而信；禁祥去疑，至死無所之」（九地），在「凡為客：深則專，淺則散」（九地）的心理下，戰爭是恐懼的，尤其不在自己熟悉的環境中，士兵自然凝聚在一起，這是「不令而行」的。

另外在特殊情況下，人與人要互助、自救，即使是敵人，亦非如此不可，同樣〈九地篇〉：「夫吳人與越人相惡也，當其同舟共濟而遇風，其相救也如左右手」。所以他說：「故善用兵者，攜手若使一人，不得已也」。因此戰場上在不得已的情況下，領導者利用當時士兵心理，方能攜手若使一人，達成勝利的使命。

二、《吳子》

觀察人的心理，從而利用人的心理，達到自己目的的，吳起是高明的，

我們從書上的一些記載如：《呂氏春秋・慎小》中敘述償表者、《韓非子・內儲說上》中敘述攻秦亭的故事，另外吮瘡吸膿的故事，這些都是瞭解人的心理活動，然後利用它，達到領導者想要的目的。其實從〈圖國篇〉一開始就是說明吳起透視了文侯的心理，一針見血的說出對方的企圖，看其所記：「吳起儒服以兵機見魏文侯。文侯曰：寡人不好軍旅之事。起曰：臣以見占隱，以往察來，主君何言與心違？今君四時使斬離皮革，掩以朱漆，畫以丹青，爍以犀象，冬日衣之則不溫，夏日衣之則不涼。為長戟二丈四尺，短戟一丈二尺，革車掩戶，縵輪籠轂，觀之於目則不麗，乘之以田則不輕，不識主君安用此也」。以上都是說明吳起善於察言觀色，並了解人的心理，從而利用它達成目的。同樣在兵法上，吳起對戰爭中人的心理活動也有深刻的描寫。

（一）了解將領心理

〈論將篇〉有：「吳子曰：凡戰之要，必先占其將，而察其才。因其形而用其權，則不勞而功舉。其將愚而信人，可詐而誘；貪而忽名，可貨而賂；輕變無謀，可勞而困；上富而驕，下貧而怨，可離而間；進退多疑，其眾無依，可震而走；士輕其將，而有歸志，塞易開險，可邀而取」。首先用「占其將，而察其才」，這占、察就是觀察心理，在心理戰佔上風，戰爭自然容易，就如同其下所言：「因其形而用其權，則不勞而功舉」。不需花費太多的兵力，就能達到戰勝的目的。

（二）了解士兵心理

〈料敵篇〉的論六國之俗，這知彼的來源以心理為主，看其分析：「夫齊性剛，其國富，君臣驕奢而簡於細民……。秦性強，其地險，其政嚴，其賞罰信，其人不讓皆有鬥心，故散而自戰……。楚性弱，其地廣，其政騷，其民疲，故整而不久……。燕性愨，其民慎，好勇氣，寡詐謀，故守而不走……。三晉者，中國也。其性和，其政平，其民疲於戰，習於兵，輕其將，薄其祿，士無死志，故治而不用」。其中六國的「性」，廣泛的說就是他們的心理狀態，吳起能知其心而制其人，這點是高明的。

另外它還有說：「心怖，可擊」（料敵）、「暴寇之來，必慮其強，善守勿應，彼將暮去，其裝必重，其心必恐，還退務速，必有不屬，追而擊之，其兵可覆」（應變）。這「心怖、心恐」直接說明戰場上心理因素對戰爭的影響有多大，吳起是能緊緊抓住戰機的。

　　從以上的觀察，知道他能從了解士兵心理，進而直接拿出致勝之道，這種心理分析用在戰場上，在兵法上是先進的，這對爾後的心理戰，絕對是有啓發作用，這也是《孫子》所沒有的。

（三）心理戰

　　〈論將篇〉有：「善行間諜，輕兵往來，分散其眾，使其君臣相怨，上下相咎，是謂事機」。這就是心理戰，前面所說現代心理戰的描述爲：「心理戰是用以屈服敵人意志，影響敵人情緒，促其心理變化，導致敵人歸向我方，是無形最有效的戰法」。其中看：「使其君臣相怨，上下相咎」，這不就是：「影響敵人情緒，促其心理變化」的最佳表現，其間用的方法是：「善行間諜，輕兵往來」。從現代心戰中所進行各種宣傳、襲擾、分化的手段來看，他不就是如此，我們用此標準，那吳起可是使用心理戰的始祖了。

第五節　特殊的見解

一、《孫子》

（一）詭　道

　　第一篇第四章述說《左傳》時代的影響，其中有關戰爭的敘述，大抵與爭霸相關，雖是爭霸的戰爭，但離不開仁、義、禮、信的，如晉文公的伐原示信，楚莊王邲之戰，打敗晉軍後說：「夫武，禁暴、戢兵、保大、定功、安民、和眾、豐財者也」。這些說明春秋時代的用兵思想，仍然是以「正」爲主的，《韓非子・外儲說左上》記載了宋襄公與楚人戰於涿谷上的故事：「宋人既成列矣，楚人未及濟。又司馬購強趨而諫曰：『楚人眾而宋人寡，請使楚人半涉未成列而擊之，必敗』。襄公曰：『寡人聞君子曰：不重傷，不擒二毛，不推人於險，不迫人於阨，不鼓不成列。今楚未濟而擊之，害義。請使楚人畢涉成陣，而後鼓士進之』。右司馬曰：『君不愛宋民，腹心不完，特爲義耳』。公曰：『不反列，且行法』。右司馬反列，楚人已成列撰陣矣。公乃鼓之，宋人大敗，公傷股，三日而死」。這描寫宋襄公仍把戰爭看成是「君子之爭」，但戰場是「立屍之地」，「僵屍而哀之」，已無濟於事矣。

　　或許春秋的戰爭是以貴族爲主的戰爭，在他們的正規教育中，是以德的爲主的，以民爲本的，所以面對戰爭是離不開仁、義、禮、信的，而且作戰

時是以指揮者的姿態來面對戰爭，所以兩軍交戰時，第一線的衝鋒肉搏，是
稗官、士兵的責任，面對「死生之地」時，感受沒有職業軍人「士」這般強
烈，所以《孫子》深知作戰時生死存亡就在一線之間，只有勝利才能生存，
所以他說：「死者不可以復生，亡者不可以復存」，故兵者為「大事」，因為有
勝利才能保有一切的前提下，為求戰勝是不擇手段的，所以「兵者詭道也」，
所以「兵以詐立」，一切為勝利而來，他這種觀點，走來至今，仍為軍事家奉
為圭臬，尤其在那種「仁義道德」為主的時代，能提出這種觀念，在軍事思
想上不受傳統束縛，《孫子》算是先進的。當然春秋戰爭雖「仁義道德」為主，
但為求戰勝，我在第一篇地四章《左傳》時代的影響中「二、戰爭的影響」
裡，有「奇計與謀略」的介紹，這就是出奇制勝，這在「詭道兵學」上，一
定有其影響的。

　　《孫子》認為用兵之道自以出奇制勝為第一要義。既要出奇制勝，除自
己力量能與目的相符之外，首要之點便要使敵人在精神上、行動上陷于迷惘
困惑無所適從之地步，要達到此目的，自不宜邀正正之旗，擊堂堂之陣，更
不應講倫常道德，因與我相對者，乃爭生死之敵人，故須運用權謀詭計，虛
者實之，實者虛之，用而示之不用，能而示之不能等手段，使敵人六神無主，
五內不安，行止失據，或使之失察無知，俾我攻其無備，出其不意。而完成
奇襲之傑作。

　　是以他在各篇中均論及詭道之運用，如第二篇〈作戰〉：「故不盡知用兵
之害者，則不能盡知用兵之利也」；第三篇〈謀攻〉之「伐謀、伐交」不以正
兵為主的戰略；第四篇〈軍形〉之「善攻者，動于九天之上；善守者，藏于
九地之下」；第五篇〈兵勢〉之「凡善戰者，以正合，以奇勝，故善出奇者，
無窮如天地，不竭如江河，終而復始，日月是也；死而復生，四時是也。聲
不過五，五聲之變，不可勝聽也；色不過五，五色之變，不可勝觀也；味不
過五，五味之變，不可勝嘗也；戰勢不過奇正，奇正之變，不可勝窮也。奇
正還相生，如環之無端，孰能窮之哉」？及「善動敵者，形之，敵必從之，
予之，敵必取之，以利動之，以卒待之」；第六篇〈虛實〉之「敵佚能勞之，
飽能飢之，安能動之。出其所必趨，趨其所不意。善攻者，敵不知所守，善
守者，敵不知其所攻。微乎微乎！至于無形，神乎神乎！至于無聲。故形人
而我無形，形兵之極，至于無形」。及「兵之形，避實而擊虛，兵無常勢，水
無常形，能因敵變化而制勝者，謂之神」；第七篇〈軍爭〉之「以迂為直，以

患爲利」。及「兵以詐立，以利動，以分合爲變者也。其疾如風，其徐如林，侵掠如火，不動如山，難知如陰，動如雷霆」。及「避其銳氣，擊其惰歸」、「以治待亂，以靜待譁」、「以近待遠，以佚待勞，以飽待飢」等；第八篇〈九變〉之「智者之慮，必雜于利害，雜于利而務可信也，雜于害而患可解也」；第九篇〈行軍〉之「兵非益多也，惟無武進，足以併力、料敵、取人而已」。第十篇〈地形〉之「料敵制勝，計險阨遠近，上將之道也。知此而用戰者，必勝；不知此而用戰者，必敗」；第十一篇〈九地〉之「投之亡地而後存，陷之死地而後生」、及「先其所愛，微與之期，始如處女，動如脫兔」；第十二篇〈火攻〉之凡軍必知五火之變，以數守之。故以火佐攻者明，以水佐攻者強。水可以絕，不可以奪」，及「非利不動，非得不用，非危不戰」，及「合于利而動，不合利而止」。第十三篇〈用間〉之「事莫密于間，非仁義不能使間，非微妙不能得間之實，微哉！微哉！無所不用間也」等等，這些從詭道的精神來看，它們都具有其相通及奧妙的地方。

　　以上看來，《孫子》無處不施詭道之計，其全部作戰之思維是以奇襲爲經，以詭道爲緯編織而成。然應敵所取之一切戰略戰術之措施，皆使敵不能知，使敵不能察覺，使敵不能體會，使敵迷惘困惑，此俱詭道也。所以《孫子》認爲戰爭行爲中，爲求勝利，詭詐乃不可避免，因而變爲將領必須知道的道理。

　　《孫子》之「詭道」思想形成，是因戰爭中以「奇正」、「虛實」、「分合」、「利害」、「隔離」等戰術，往往在戰爭中能克敵致勝，因此以其體現詭譎之道；如何體現這些戰術，他說：「兵貴拙速」、「形人而我無形」，所以必須把握「拙速」與「無形」之精神來達到目的。現分述如下：

1. 兵者，詭道也

　　《孫子》在〈始計篇〉中就說明了：「兵者詭道也」，在首篇寫出，那等於開宗明義講，戰爭這種事情，是詭譎的，非正道的，詭就是詭譎。孔子曰：「齊桓公正而不譎，晉文公譎而不正」。讓我們知道正、譎是對立的，所以利用到戰爭就是「奇正」，奇正之用就是讓敵人虛實難知，以實者虛之，虛者實之應對之。繼之寫到：「故能而示之不能，用而示之不用；近而示之遠，遠而示之近。故利而誘之，亂而取之，實而備之，強而避之，怒而撓之，卑而驕之，佚而勞之，親而離之。攻其無備，出其不意。此兵家之勝，不可先傳也」。「攻其無備，出其不意」是對詭道戰法做一最高指導原則，最後用「此兵家之勝，不可先傳也」。這才是詭道之至極，因爲詭道是無窮的變化，要靈活運

用，千萬不可拘泥於戰法，所以戰場上所使用的戰法是戰勝不復而應形無窮，最主要就是運用之妙，存乎一心。

〈虛實篇〉有：「攻而必取者，攻其所不守也；守而必固者，守其所不攻也。故善攻者，敵不知其所守；善守者，敵不知其所攻」。這只可會意，不可言傳字眼，是最高之作戰藝術，亦是詭道之至極。

2. 兵以詐立

《孫子》強調兵以詐立。詐有欺騙之意。用兵常以詭詐之術，方能克敵致勝。詐敵的方式有欺敵、擾敵、奇襲等，欺敵有誘使敵人墜入穀中，使敵陷入包圍；或矇混敵人的耳目，使敵失去方向；或擾亂敵人的判斷，使敵將領錯估形勢。其實欺敵最好的描述就是：「能而示之不能，用而示之不用，近而示之遠，遠而示之近」。擾敵作爲是：「利而誘之，亂而取之，怒而撓之，卑而驕之，佚而勞之，親而離之」。奇襲作爲是：「攻其不備，出其不意」。經此欺敵、擾敵和奇襲作爲，敵必將六神無主，五內不安，舉止失措或失察無知，俾使我能出奇制勝。另外〈九地篇〉中有：「故爲兵之事，在詳順敵之意，并力一向，千里殺將，是謂巧能成事」。這「詳順」也是欺敵之方。

3. 奇正相生

《孫子》主張作戰時應把軍隊分爲正兵和奇兵兩部份，若用現代術語說，正兵如同第一線部隊，奇兵如同預備隊，古時稱「握奇」。以正兵當敵，以實力強打硬攻，與敵周旋；但正面對峙，敵我都難攻難進，此際如以奇兵偷襲，就能克敵制勝。這兩種兵中，奇兵尤爲重要，奇兵運用得好，一定要變化多端，出乎敵人的意料之外。兵勢篇有：「凡戰者，以正合，以奇勝。故善出奇者，無窮如天地，不竭如江河」。而且，正兵和奇兵也可以互相變換其位置。作戰時可以正兵牽制敵人而以奇兵攻敵；亦可以奇兵擾敵，而以正兵擊敵；又可以正爲奇，以奇爲正，又正又奇，不正不奇，其運用之妙可因時因地制宜而致無窮。因此又說：「戰勢不過奇正，奇正之變，不可勝窮也，奇正相生，如循環之無端，孰能窮之哉」？又曰：「三軍之眾，可使必受敵而無敗者，奇正是也。」其重視奇正無窮之變者若此。

4. 虛實互用

兵法之奇正與虛實是互爲體用的，所謂「虛實是奇正之體，奇正是虛實之用」。奇術之使用非依虛實無以爲功。虛實之運用正是《孫子》所謂「詭道」

之另一精義所在。無論再強大的軍旅都會有其堅強和薄弱的環節，這就是「虛實」。《孫子》說：「兵之所加，如以碫投卵者，虛實也」（兵勢）。故用兵作戰一定要針對敵人之虛實所在下手，如「避其銳氣，擊其惰歸」、「無邀正正之旗，勿擊堂堂之陣」（軍爭），實際上就是「避實而擊虛」的戰術。另外〈虛實篇〉有：「形人而我無形，則我專而敵分。我專爲一，敵分爲十，是以十攻其一也。則我眾而敵寡：能以眾擊寡者，則吾之所以敵者，約矣」；〈謀攻篇〉有：「十則圍之，五則攻之，倍則分之，敵則能戰之，少則能逃之，不若則能避之」。這都是避實擊虛的戰術，《孫子》避實擊虛的最精彩描繪就在〈虛實篇〉最後一段，他說：「夫兵形象水：水之形，避高而趨下；兵之形，避實而擊虛。水因地而制流，兵因敵而制勝。故兵無常勢，水無常形，能因敵變化而制勝者，謂之神」。

5. 利害隔離

識利害，才能兩相權衡，不然往往一個人通常只看到好處，忘掉相對的壞處，思考不周詳，很容易失敗，但兵者國之大事，領導人的不知利害相生，因爲有利必有害，二者如何區隔分離，即相權之，如何取其輕重，這自然關係著勝負。

〈作戰篇〉有：「故不盡知用兵之害，則不能盡知用兵之利也」。〈九變篇〉亦有：「智者之慮，必雜於利害。雜於利，故務可信也；雜於害，故患可解也」。我們從戰略上知「兵久而國利者，未之有也」；戰術中知「高陵勿向，餌兵勿食，窮寇勿迫，銳卒勿攻；背丘勿逆，佯却勿從，圍師必闕，歸師勿遏」；戰鬥中從兵器上知「長以衛短，短以救長」。這些都是利害的觀念。

〈軍爭篇〉有：「軍爭之難者，以迂爲直，以患爲利。故迂其途，而誘之以利，後人發，先人至，此知迂直之計者也」。作戰目標之難於決定者，在於如何採取迂迴道路卻能收到直線前進之快速效果，以及從弊害中取其利，變害爲利。具體言之，行迂迴之路接敵，而且以利誘敵他往，則軍事行動雖在敵人之後，卻比敵人先到，因爲「先處戰地而待戰者佚，後處戰地而趨戰者勞」（虛實）。這是「以迂爲直」的道理所在，同樣也說明利害之關係。

另外〈九地篇〉的二句話：「所謂古之善用兵者，能使敵人前後不相及，眾寡不相恃，貴賤不相救，上下不相收；卒離而不集，兵合而不齊」、「伐大國，則其眾不得聚；威加於敵，則其交不得合」。這種因利害而隔離的戰法，都是要靠「詭道」行之的。

6. 分合為變

　　所謂「分合為變」，意即軍事行動或分散其形，或合聚其勢，皆因敵之動靜而為變化以取勝之。何以要「分」、「合」？因為作戰不是靜態的點的遭遇，而是具有縱深的運動戰，故軍隊的分合，是要造成「我專而敵分」「我眾而敵寡」的態勢，用現代軍事術語，就是集中原則。軍事行動上所謂集中，乃是在一定之時間、空間內，將最大戰力置於決勝點上，對敵實行決定性之打擊，而發揮我方全部或局部的絕對優勢。但是欲達到此目的，須先伴動以掩飾我方企圖。所以虛實篇說：「吾所與戰之地不可知，不可知，則敵所備者多；敵所備者多；則吾所與戰者，寡矣」；「備前則後寡，備後則前寡，備左則右寡，備右則左寡，無所不備，則無所不寡。寡者，備人也；眾者，使人備己也。」；「不知戰地，不知戰日，則左不能救右，右不能救左，前不能救後，後不能救前」。當我方集中優勢兵力而敵人反被迫分散兵力，自然所與戰者寡矣。

7. 無形與拙速

　　奇正、虛實、分合、利害、隔離運用之最高境界，必使之無形，即使有形，亦非實形。《孫子》認為：「故形兵之極，至於無形；無形，則深間不能窺，智者不能謀。因形而措勝於眾，眾不能知；人皆知我所以勝之形，而莫知吾所以制勝之形。故其戰勝不復，而應形無窮」（虛實）。其次，我用奇正、虛實、分合、利害、隔離，敵人當然也會使用，所以在我方實施奇正、虛實、分合、利害、隔離之同時，尚要兼顧敵人之奇正、虛實、分合、利害、隔離，亦即在實現作戰計劃時，既要照計劃行動，又要根據敵情的變化而相應修改計劃，此之謂「踐墨隨敵，以決戰事」（九地）。亦惟有如此才能「兵因敵而制勝」，「能因敵變化而制勝者，謂之神」。　再次，我所用之奇正、虛實、分合、利害、隔離，以「無形」隱匿之，使之「難知如陰」，為防止被敵人窺知或已經被敵人探知，則應以迅雷不及掩耳之勢速戰速決，根本不給敵人有反應時間。所以《孫子》強調兵貴神速，曰：「兵之情主速」（九地）、「兵聞拙速」（作戰），此種迅雷不及掩耳之勢，《孫子》有深刻的形容，如「其疾如風」、「侵掠如火」、「動如雷震」（軍爭）、「始如處女，敵人開戶，後如脫兔，敵不及拒」（九地）。「進而不可禦者，衝其虛也；退而不可追者，速不可及也」（虛實）。

（二）戰爭的全面性

　　春秋到了晚期，戰爭方式幾乎全面改變了，原來示威性質，變成了殺戮

性質，仇恨造成報復性的傷害毀滅，雙方集結大量兵力，自然國防支出增加，戰爭生物鏈不斷擴大，戰爭終至變成全民的戰爭，戰爭波及到各層面，已不是單單「士族」階層的專利品了。所以它在〈作戰篇〉說：「凡用兵之法：馳車千駟，革車千乘，帶甲十萬。千里而饋糧，則外內之費，賓客之用，膠漆之財，車甲之奉，日費千金，然後十萬之師舉矣」。先點明戰爭消耗之巨大，由假定的十萬之師，讓人心理有個底，然後由戰爭必定會有的消耗中，讓人知道公家與百姓消耗的數量，所以他又說：「國之貧於師者遠輸，遠輸則百姓貧；近師者貴賣，貴賣則百姓財竭，財竭則急於丘役，力屈財殫中原，內虛於家，百姓之費，十去其七。公家之費：破車疲馬，甲胄矢弩，戟楯蔽櫓，丘牛大車，十去其六」。從這清楚的看出，老百姓被戰爭牽連之慘，孫子認為他們比公家還多損失了十分之一。再看〈用間篇〉所說：「凡興師十萬，出征千里，百姓之費，公家之奉，日費千金。外內騷動，怠於道路，不得操事者，七十萬家」。依井田之法說出了「七十萬家」，這些人都不能從事正常作習，一切操作都為作戰，《孫子》說出了戰爭的全面性，還用數字輔助它的論點。

（三）求勢不責人

前面有提過打仗在打將，一般也認為兵隨將轉，戰場上的靈魂人物往往也是出色的將領，但《孫子》卻先提出勢的重要，創造出好的、有利的態勢，這是首要，所以在〈兵勢篇〉有：「故善戰者，求之於勢，不責於人，故能擇人而任勢」。這戰略思維有三層，《孫子》看的很清楚，先是「求之於勢」，從「五事」、「七計」中達到「計利以聽」，自然而然就會成為對我有利的最好態勢，也是《孫子》所說的「乃為之勢」，這也是他說的「廟算」多，因為「多」，當然態勢好，這態勢好，不也就是先為了「不可勝」，先為了不可勝，當然「先立於不敗之地」，後來的勝利只是待機而已，時機一到，勝利唾手可得，所以求之於勢是先要完成的。第二是為何不責於人？這個人是誰？首先看這個「人」，它一定是將領，因為從「擇人」可得知，一般士兵無須擇人的，另外優勢環境的創造，所需要的條件太多太多，要求人一定要完成，常常迫於形勢，往往功敗垂成，換句話說責於人可能達不到目標。例如小部隊遭遇大部隊時，負隅頑抗，要求一定要打勝，機會是很小的，所以《孫子》說「小敵之堅，大敵之擒」，如前所言，孫子向來不主張以寡擊眾的。第三是能擇人而任勢，注意這「能」字的重要，歷史上多少用人不當而至國破家亡的例子，最慘的是長平之役，趙括自己兵敗身死外，累及四十萬降卒被坑殺，事後親

族亦受牽連至死，所以「不敗之勢」，是要挑到最佳人選來承擔的，換言之是在好的態勢下，要找好的人來完成任務，不是好的態勢下，任誰也不會成功，除非態勢改變。

（四）用 間

《孫子》專寫一篇〈用間篇〉，因戰爭一定要知己知彼，知彼才能有辦法破敵勝敵，所以先知，「知敵情者」之重要，《孫子‧用間篇》先強調：「明主賢將，所以動而勝人，成功出於眾者：先知也」。怎樣先知？他提出使用間諜來獲取情報，它分類間諜有五種，然後如何使用「五間」，最後強調用間之重要與三軍行動之關係，如其言：「唯明主賢將，能以上智為間者，必成大功。此兵之要，三軍所恃而動也」。間諜往往密而不宣，兵法上只能做，不能說，亦有「詭道」之意，畢竟與強調「仁義之師」、「正正之旗」、「堂堂之師」的「正兵」，有所扞格的。

《吳子兵法》中有三處講「間諜」之處，如下：「善行間諜，輕兵往來，分散其眾，使其君臣相怨，上下相咎」（論將）、「敵若堅守以固其兵，急行間諜以觀其慮」（論將）、「上富而驕，下貧而怨，可離而間」（應變）。這與《孫子》專論用間是有差距的。

其實三軍所恃而動，能「動而不迷，舉而不窮」，就是要先知，先知要用間，用間方能知彼，知彼才能與己比較，比較時才能「廟算」多少，「稱」出高下，衡量得失，採取最佳方案，也就是在戰爭行為中，採取最佳的戰略、戰術與戰鬥方式，達到戰爭的目的，這一切，先知為首，且先知要用間。

（五）思想的綿密性

承上「先知用間」來看，其所謂用間是「三軍所恃而動」，能「『動』而不迷，舉而不窮」，就是要先知，先知要用間，用間方能知彼，知彼才能與己比較，比較時才能「廟算」多少，「稱」出高下，衡量得失，採取最佳方案，也就是在戰爭行為中，採取最佳的戰略、戰術與戰鬥方式，達到戰爭的目的，這一切，先知為首，且先知要用間。訴說他為達到戰爭的目的，所使用的手段，綿密連貫思想，處處可見。如前所言「慎戰、善戰」、「知己知彼」、「不戰而屈人之兵」、「先勝、全勝」等思想。

（六）軍人戰場主導性

軍人事業來自戰場，他們熟悉軍旅之事，尤其戰事吃緊時，戰場上是瞬

息萬變，這正是他們發揮長才的時候，一般人是無法承擔那種壓力的，《孫子》強調「將能而君不御」、「將在外，君命有所不受」，戰場以軍人來指導戰鬥，這才是正確的方向。他在〈謀攻篇〉直指國君，因不知軍事而造成軍隊的失敗，其傷害之大，是無法彌補的，其曰：「故君之所以患于軍者三：不知軍之不可以進，而謂之進；不知三軍之不可以退，而謂之退，是謂縻軍。不知三軍之事，而同三軍之政，則軍士惑矣。不知三軍之權，而同三軍之任，則軍士疑矣。三軍既惑且疑，則諸侯之難至矣！是謂亂軍引勝」。又在戰場上衡量戰況，在勝負心知肚明的狀況下，不可瞞上欺下，一定要誠實的面對戰爭，所以在〈地形篇〉中寫道：「戰道必勝，主曰無戰，必戰可也；戰道不勝，主曰必戰，無戰可也」。有著「進不求名，退不避罪」的心理。真正的發揮「將在外，君命有所不受」的精神，讓軍人不至於成為尾大不掉的藩鎮、軍閥，甚而軍事政變，自立為王了。

往往有人不細察此點，認為《孫子》言「將」之「五德」中，未何不言「忠」，導致前之尾大不掉的情形發生，實未深明《孫子》之意，因其下馬上接著就是：「唯民是保，而利於主」。這「利於主」就是「忠君」的思想。

（七）科學的思想

在第二篇第三章《孫子》基本哲理中，在人生論裡對科學思想已作分析，於此不再贅述。

總之《孫子》在兵法理論上的成就非凡，思想上的慎戰，戰略上的全爭，戰術上的勝兵，戰鬥上的善戰，許多兵法理論至今放諸四海皆準，用現今的語言來看，首先他說：「兵者，國之大事」。就揭示武裝力量建設是國家政權建設不可分割的部分，二來「五事、七計」說明戰略思想超出軍事的戰略範疇，修道保法亦包含了政治戰略，三是深刻的了解經濟對戰爭的影響，根據對戰爭與經濟所進行的分析，一為日費千金，二為人民耗去其七，公家耗去其六，認為兵久國不利，所以「兵貴勝，不貴久」。確立了速戰的戰略思想，也為軍事後勤立了張本，四在「先為不可勝」的思維中，有「勿恃敵之不來，恃吾有以待之」的準備觀念，確立「勝利取決於準備之日」的思想，五是它非常重視自然條件對戰爭的影響，如〈行軍〉、〈地形〉及〈九地〉篇之描述，六是在特定的空間和時間內進行戰爭，如入敵境之深淺，因其不同的自然、人文條件，對戰爭作為有不同的影響。現今戰事一起，《孫子》立刻有人將其學說印證於戰事之中，最近的二次波斯灣戰爭，以《孫子》印證者，比比皆是。

二、《吳子》

（一）提出治國之道

　　如前所言，《孫子》是以將軍之眼光，專論軍事，也就是一般所認知的兵法，但吳起論及更高層次的治國之道，我們從第一篇看到《左傳》中的人物，在兩國交戰中，不少人是高談如何來獲得民心的，如《左傳》桓公六年季梁所說的話：「天方授楚，楚之嬴，其誘我也，君何急焉，臣聞小之能敵大也，小道大淫，所謂道，忠於民而信於神也，上思利民，忠也」。吳起提升至治國層次，這是提升將領的地位，中國人是比較欣賞「儒將」的，能武能文，畢竟眼界是開擴的，尤其軍人被稱爲「一介武夫」，實際上就是一種貶抑，吳起在這方面是比《孫子》特出的。

　　今舉二例，皆出自〈圖國篇〉，一爲：「制國治軍，必教之以禮，勵之以義，使有恥也」，二爲：「古之明王，必謹君臣之禮，飾上下之儀，安集吏民，順俗而教，簡募良材，以備不虞。」。

（二）提出戰爭目的

　　〈圖國篇〉有：「與諸侯大戰七十六，全勝六十四，餘則均解。闢土四面，拓地千里，皆起之功也」。其實當時諸侯要的就是「闢土四面，拓地千里」。吳起沒有明講，還說：「成湯討桀而夏民喜說，周武伐紂而殷人不非。舉順天人，故能然矣」。這冠冕堂皇的理由，所以眞正的戰爭目的就是「闢土四面，拓地千里」，其他甚麼「制國治軍」，都是爲此目的而來。

（三）提出戰爭原因

　　他在〈圖國篇〉有：「凡兵之所起者有五：一曰，爭名。二曰，爭利。三曰，積惡。四曰，內亂。五曰，因饑」。這「兵之所起」即用兵之的原因，現在即是「爲何而戰」的意思，在加強作戰意識，鞏固作戰心防上，有其相當的作用。其五者中之「爭名、爭利、積惡」，從動機上來看，還有說服力的，但「內亂、因饑」是趁火打劫，是趁虛而入，動機不是純正，很難有說服力的。若從爲戰爭找到原因來講，以兵法論之，他是敢提出來的，可惜以自己認爲合理的原因上來看，是太狹隘了。

　　《孫子》不提戰爭的原因，只站在軍事的角度告訴你如何打，如〈軍爭篇〉有：「用兵之法：將受命於君，合軍聚眾，交和而舍，莫難於軍爭。軍爭之難者，以迂爲直，以患爲利。故迂其途，而誘之以利；後人發，先人至者：

知迂直之計者也」，及「先知迂直之計者勝。此軍爭之法也」。

（四）注重馬匹

吳起在於對養馬、用馬的論述中有其獨到之處。他在〈治兵篇〉首言：「芻秣以時，則馬輕車」，又說：「凡行軍之道，無犯進止之節，無失飲食之適，無絕人馬之力。此三者，所以任其上令。任其上令，則治之所由生也。若進止不度，飲食不適，馬疲人倦，而不解舍，所以不任其上令」。這「馬疲人倦」是會造成戰爭失敗的。下面更闡述愛馬的觀念：「必安其處所，適其水草，節其飢飽。冬則溫廄，夏則涼廡，刻剔毛鬣，謹落四下。戢其耳目，無令驚駭；習其馳逐，閑其進止。人馬相親，然後可使。車騎之具，鞍勒銜轡，必令堅完。凡馬不傷於末，必傷於始，不傷於飢，必傷於飽」。這種愛護馬匹的心，馬自己回報於人，完美的境界就是「人馬相親」。

再看「日暮道遠，必數上下。寧勞於人，慎勿勞馬。常令有餘，備敵覆我，能明此者，橫行天下」。其對待馬匹細心的程度，值得加以探討。馬之作為古代作戰工具，效用甚大，不可小覷。以史為例，昔者漢高祖劉邦以步兵為主的三十二萬部隊征討冒頓單于，冒頓以四十萬騎兵困劉邦於白登台。此後文、景帝四十年的養馬政策，僅官馬便有四十四萬匹。武帝時期，民間養馬竟達「眾庶街巷有馬，阡陌之間成群」的盛況，遂得以討伐匈奴，贏得戰果。唐太宗時期，李世民因受突厥頡利可汗之辱，乃親自下場校射府兵，並大量牧馬，至高宗時期，馬的數量增至七十萬六千匹，超過了秦漢養馬的數目。唐太宗後來能打敗突厥，便是賴此訓練有術的騎兵和馬匹。更有甚者，其後蒙古以騎兵崛起，橫掃歐洲，疆域擴至布達佩斯，把馬在機動作戰及兵力投射的效用上，發揮至人類歷史的極至。

兵貴神速，講求的就是「機動能力」，吳起愛馬即保持最佳的機動能力，後來馬在「肌肉能」的時代，確如上例一般，發揮了它的戰場功能，如今到了「機械能」的時代，馬匹換成高性能的各式各樣的戰具，若站在機動力來看，用同樣愛護馬匹的心態來愛護那些戰具，給予最好的維修保養，讓它們發揮最大的戰力，從這角度看，吳起愛馬的觀點，確給人很大的啟示。

第六節　軍事上的「仁本」觀

政治上的衝突，不得已才採取了戰爭，戰爭非理性造成的殺戮，對人民的

影響最大，領導者的政治衝突，死傷代價最大最多者，終究是老百姓，中國思想家們，老早就注意這嚴重性，所以《老子》的「爭城以戰，殺人盈城；爭地以戰，殺人盈野」、「師之所處，荊棘生焉」、「大軍之後，必有荒年」，所以他深知「佳兵不祥」的道理，究其原因，違反天道。孔、孟思想就是以仁爲中心，墨子之兼愛非攻亦出仁心，法家富國強兵，主要也是保國安民，保國安民本於愛民，故皆出「仁本」。主要仁本是對戰爭提出了反省，人類要少於戰禍，甚至免於戰爭，中國在春秋戰國時期兵法上的仁本觀，是先進於別人的。

　　前所言《左傳》時代的影響，《左傳》就是一部春秋時代的戰爭史，雖孟子言：「春秋無義戰」，但其中民本思想的發達，處處可見，畢竟戰爭是統治者的私欲，有道者老早就提醒他們水能載舟，亦能覆舟，其以民爲本的來源就是仁心。《漢書·藝文志》提到：「兵家者，出古司馬之職，王官之武備也」。兵法是爲戰爭而寫的，周初就流傳於每任司馬之間的兵法，這應該是兵法的主流思想，畢竟兵權是掌握在他們手中，一般人是無從接觸軍事知識的。至戰國期間齊威王用兵行威，大放穰苴之法，命其大夫追論古時《司馬兵法》，附穰苴於其中，號爲《司馬穰苴兵法》。主要從「追論古時《司馬兵法》」來看，它保存了司馬之間的兵法，這是無庸置疑的，那這部《司馬兵法》又以「仁本」第一，所以從軍事角度來探討仁本觀念，這與非軍事家是不同的，加上孫、吳二人既成書立意，必受主流軍事思想影響，所以《司馬兵法》必先一窺，以明大概。

一、司馬穰苴之《司馬兵法》

　　春秋末年以後，封建兼併戰爭日趨激烈，各國統治者深感人才在治國安邦方面的重要，於是社會上禮賢下士、廣招賓客成風。作爲知識分子的「士」這個階層的許多人，有的雖出身貧寒，但都憑藉一技之長，出將入相，成爲春秋戰國時期的風雲人物。所謂「布衣之將」，司馬穰苴便是其中的佼佼者。

　　司馬穰苴爲春秋末年齊國名將，本姓田，爲田完後裔。據《史記·司馬穰苴列傳》中以軍法斬齊景公寵臣莊賈後，開始勒兵行威以知其大概，《史記》記云：「景公召穰苴，與語兵事，大說之，以爲將軍，將兵扞燕、晉之師。穰苴曰：「臣素卑賤，君擢之閭伍之中，加之大夫之上，士卒未附，百姓不信，人微權輕，願得君之寵臣，國之所尊，以監軍，乃可」。於是景公許之，使莊賈往。穰苴既辭，與莊賈約曰：「旦日日中會於軍門」。穰苴先馳至軍，立表下漏待賈。

賈素驕貴，以爲將己之軍而己爲監，不甚急；親戚左右送之，留飲。日中而賈不至。穰苴則仆表決漏，入，行軍勒兵，申明約束。約束既定，夕時，莊賈乃至。穰苴曰：「何後期爲」？賈謝曰：「不佞大夫親戚送之，故留」。穰苴曰：「將受命之日則忘其家，臨軍約束則忘其親，援枹鼓之急則忘其身。今敵國深侵，邦內騷動，士卒暴露於境，君寢不安席，食不甘味，百姓之命皆懸於君，何謂相送乎」！召軍正問曰：「軍法期而後至者云何」？對曰：「當斬」。莊賈懼，使人馳報景公，請救。既往，未及反，於是遂斬莊賈以徇三軍。三軍之士皆振慄。久之，景公遣使者持節赦賈，馳入軍中。穰苴曰：「將在軍，君令有所不受」。從「將受命之日則忘其家，臨軍約束則忘其親，援枹鼓之急則忘其身」、「將在軍，君令有所不受」這二句，來凸顯其是熟悉軍事知識的。另外他也是一個很好的領導人，看《史記》描述「士卒次舍、井灶飲食、問疾醫藥，身自拊循之。悉取將軍之資糧享士卒，身與士卒平分糧食，最比其羸弱者，三日而後勒兵。病者皆求行，爭奮出，爲之赴戰」。因爲它精通兵法，又愛士卒，所以領兵戰勝晉、燕之師，收復失地而被齊景公封爲「大司馬」（掌軍政，爲軍事最高首長）後人遂以其官職稱之，故曰司馬穰苴。

　　《司馬兵法》爲我國最古老的兵書之一，究爲何人所著，眾說紛紜。又據《史記·司馬穰苴列傳》所載，穰苴死後約一百五十年時，齊威王仿效穰苴「用兵行威，大放穰苴之法」，命其大夫追論古時《司馬兵法》，附穰苴於其中，號爲《司馬穰苴兵法》。由此可見，成書於戰國中期的《司馬兵法》，不僅保存了古兵法的內容，或許還增加了司馬穰苴對春秋時期戰爭和兵制的研究心得。

　　《司馬法》當中記載著是當時的軍制、軍事行爲的律令與規範。這也是《司馬法》也被稱爲《司馬兵法》的緣故，因爲司馬是軍官的總稱，《周禮·夏官·大司馬》說道：「大司馬之職，掌建邦國之九法，以佐王平邦國」，《司法兵法》的原本意涵就是軍官規範，本來就是當時各國將領所必讀之書。

　　《漢書·藝文志》著錄《司馬兵法》，稱《軍禮司馬法》，一百五十五篇。內容博大精深，司馬遷譽之爲「閎廓深遠，雖三代征伐，未能竟其意」（《史記·本傳贊》）。惜漢代以後散佚頗多，今本僅存〈仁本〉、〈天子之義〉、〈定爵〉、〈嚴位〉、〈用眾五篇〉，而其中何者爲司馬穰苴之論述已不得而知。但僅就現存五篇內容觀之，仍可窺其「閎廓深遠」特點之一斑。首先，論述範圍極其廣泛，短短三千餘字，幾乎涉及到軍事得各個領域；其次，書中保存許

多古代用兵、治兵原則，尤其以法制軍的思想和大量具體軍法內容；再次，不少反映了春秋末期的戰爭觀、作戰指導思想和戰法，論述如下：

（一）仁本思想

《司馬兵法》的政治思想係秉承中國三代以來聖賢之治的道統，講求仁政，應是較接近於儒家，但儒家為後出之人，《司馬法》為早傳之思想，其仁本之義必影響儒家，所以《司馬兵法》開宗明義〈仁本〉第一，故首言：「以仁為本，以義治之之謂正。正不獲意則權。權出於戰，不出於中人」（〈仁本〉以下皆出此）。

戰爭為不得以行之，因仁心而愛民，所以戰爭雖發生，但以愛民為出發點，所以說戰道：「不違時，不歷民病，所以愛吾民也。不加喪，不因凶，所以愛夫其民也。冬夏不興師，所以兼愛民也」。以上都是以仁為念，從事戰爭者才能有所警惕，殺伐之心降至最低，殺戮之事減至最少。

（二）治國理想

第一等治國是順天應人的以正治國，這樣國家大治，境內諸侯心悅誠服，自然無戰事。如其言：「先王之治，順天之道，設地之宜，官民之德，而正名治物，立國辨職，以爵分祿。諸侯悅懷，海外來服，獄弭而兵寢，聖德之治也。」

第二等是但當聖王之德有時而窮，則賢王出，故其治國是：「賢王制禮樂法度，乃作五刑，興甲兵，以討不義。巡狩省方，會諸侯，考不同。其有失命亂常，背德逆天之時，而危有功之君，偏告于諸侯，彰明有罪。乃告于皇天上帝，日月星辰，禱于后土四海神祇，山川冢社，乃造于先王。然後冢宰徵師于諸侯曰：某國為不道，征之。以某年月日，師至于某國會天子正刑」。當然「興兵甲」是禁暴止亂的「討不義」行為而已，比天下戰國，兵凶戰危是高出許多的。

（三）戰爭限制

因為正不獲意導致衝突發生，這時採非常之手段，不得已用了戰爭，故其言：「正不獲意則權，權出於戰，不出於中人」。如何才是「不得已」而戰，有用兵三個重要的命題，即「殺人安人，殺之可也；攻其國愛其民，攻之可也；以戰止戰，雖戰可也」。同時對反戰者、好戰者提出深刻的思考，當非用戰爭不可時，仍要採取某些補救方法，如能因此而免於出兵動武方為上策。首先，制訂一套共同遵守的準繩，而且明訂違反者應受之處分，才談得上發

動義戰，故曰：「憑弱犯寡則眚之，賊賢害民則伐之，暴內陵外則壇之，野荒民散則削之，負固不服則侵之，賊殺其親則正之，放弒其君則殘之，犯令陵政則絕之，外內亂禽獸行則滅之」。再者，既發兵義戰，仍以愛民為前提，不可濫殺無辜，不使敵我雙方之人民的負擔增加，如前戰道所言：「不違時，不歷民病」、「不加喪，不因凶」、「冬夏不興師」等，這都是對戰爭有深刻的體認，能限制自我，謹慎行之之道。

（四）軍事上之仁本

核心可以用「禮、仁、信、義、勇、智」六德概括。即「古者逐奔，不過百步，縱綏不過三舍，是以明其禮也；不窮不能而哀憐傷病，是以明其仁也；成列而鼓，是以明其信也；爭義而不爭利，是以明其義也；又能舍服，是以明其勇也；知終知始，是以明其智也」。此種戰爭道德的修養與春秋早期，即西元前六三八年，楚、宋在泓水發生的一場戰鬥相類。時宋襄公堅持「不重傷、不擒二毛、不鼓不成列」而戰敗受傷。正是由於《司馬兵法》也反映了這種「不鼓不成列」的仁義思想，所以有人把《司馬兵法》說成是西周「仁義之師」的兵法。又其討不義布令於軍曰：「入罪人之地，無暴神祇，無行田獵，無毀土功，無燔牆屋，無伐林木，無取六畜、禾黍、器械。見老幼奉歸勿傷。雖遇強壯不校勿敵，敵若傷之，醫藥歸之」。這種布令，不但約束自己部隊，敵人也必然受此仁政而感動，大大減低敵對的抗拒行為，此對戰爭的遂行可收到相當助力。

（五）作戰指導及戰法

它提出「凡戰，正不行則事專，不服則法，不相信則一。若怠則動之，若疑則變之，若人不信上則行其不復」（定爵）。在對敵作戰時，全軍精神面貌，尤其士氣是否高漲直接影響作戰之勝敗。即所謂「凡戰，以力久，以氣勝」、「本心固，新氣勝」（嚴位）。古人把致勝分為治力、治氣兩種途徑。以近待遠，以逸待勞，以飽待飢，為治力，避其銳氣，擊其惰歸，為治氣。力不全不可以持久，氣不勇不可以制敵。本心固，新氣勝，是講眾士愛國之心盛時，眾志成城，即孫子所謂治氣、治心、治力、治變之「四治」中之三治，其能守人之本，本守心則固，因此能振作兵之新氣則勝。這是認為將士積極的心理因素可轉換成巨大的力量，主張採用各種方法激勵積極的心理因素，保持高昂的士氣，以保證戰鬥勝利。

在作戰指揮上，要求做到作戰的統帥要抓關係全局的重點，兼顧一般，

不要事無輕重一把抓，成為事務主義者。在作戰節奏上，要根據情況有急有緩、有輕有重，要按照「奏鼓輕，舒鼓重」來交替使用，體現「以重行輕」，做到「戰惟節」。它主張只有正確認識與處理好輕與重兩者之間的關係，才能克敵制勝。其總的要求是「相為輕重」。在作戰部署上，要「既固勿重，重進勿盡」。就是說，已是堅強有力的部位，就不必再加強，主力投入作戰要留預備隊，悉數投入戰鬥的作法是危險的。

此外強調講求謀略權變，機動靈活，巧勝敵軍。〈定爵〉中有：「大小、堅柔、參伍、眾寡、凡兩（凡事正反兩面考慮），是謂戰權」。另「凡戰，擊其微靜（兵力若小而故作鎮靜），避其強靜（兵力強大而又冷靜沉著）；擊其疲倦，避其閒（安靜）窕（敏捷）；擊其大懼，避其小懼」（嚴位）。在對待戰爭究竟持何種態度的問題上，其曰：「凡戰，眾寡以觀其變；進退以觀其固；危而觀其懼；靜而動其怠；動而觀其疑；襲而觀其治。擊其疑，加其卒；致其屈；襲其規，因其不避；阻其圖；奪其虛，乘其懼。」（用眾）這些或多或少都影響到詭道的用兵思想。

另外「順天奉時；阜財因敵；懌眾勉若；利地守隘；右兵弓矢禦、殳矛守、戈戟助」（定爵），也是作戰應該考慮的問題。打仗要講求天時、地利、人和，講求廣集財富，重視兵器的配備和使用。如在兵器運用上，《司馬兵法》提出：「兵不雜則不利，長兵以衛，短兵以守。太長則難犯，太短則不及。太輕則銳，銳則易亂。太重則鈍，鈍則不濟」（天子之義）。

（六）權變的影響

聖王、賢王之治是以仁義為本，但隨著戰爭場面的擴大，仁義之師已不能解決愈來愈複雜的戰爭問題，求勝為主的觀念，直接反映在春秋後期的戰爭觀、作戰思想和戰法。在作戰指導思想上，強調用間、行詭道，機直權變，揚長擊短，靈活又有節制。如：「權出於戰……殺人安人，殺之可也；攻其國愛其民，攻之可也；以戰止戰，雖戰可也」。這點出權變，不要墨守於仁義，戰爭從禮、仁、信、義、勇、智的君子戰，變成要知權變，如何示眾示寡，要觀察敵之變化；用進攻或後退以親察敵陣鞏固程度，用威迫危殆的手段以觀察敵畏懼程度，以平靜的對峙以觀察敵是否疏忽懈怠，用挑動敵陣之法以觀察敵是否疑惑，用奇襲手段以觀察敵能否制亂。在具體作戰戰法上，強調避實擊虛，迂迴包圍，乘勝追擊。如前所言：「凡戰，擊其微靜，……避其小懼」、「凡戰，眾寡以觀其變……奪其虛，乘其懼」。這些作戰思想和戰法，都

反映了春秋末期軍事思想的革新，它與〈仁本〉中之六德所言，如不鼓不成列的君子作戰模式，已迥然不同了。

總之，《司馬兵法》一書乃累積其前之軍事思想，加以整理、發揚，精確其可行性，用言簡明，意理深入淺出，涵蓋面廣，其論戰爭之用，教民練兵、心戰、謀略作為，指揮作戰思想，對現代軍事家可借鏡之處，應該很多，但其對戰爭的反省部分，如何以仁為本？是值得深思的，另外有言：「故國雖大，好戰必亡；天下雖安，忘戰必危」（仁本），至今人類戰爭不曾稍歇，這二個命題亦是至今顛撲不破的真理。

二、《孫子》的仁本觀

（一）戰略思維上

將領只是為國君效命疆場的臣子，聽命行事效忠主上，他們卻能用自己的眼光看殺戮戰場，然後著書立意，提出個人悲天憫人關懷，這是令人佩服的，古今多少將領能「成一家之言」，充其量只能算做是戰無不勝，攻無不克的「善兵」者，但往往無法對戰爭做深刻的批判，三國曹松作詩一首云：「澤國江山入成（戰）圖，生民何計樂樵蘇；憑君莫問封侯事，一將功成萬骨枯」。這是對將領最大的諷刺，所以將領在戰略思維上的仁本觀何其重要，《孫子》雖不似吳起深受儒家影響，對仁義之師大為嚮往，但從他兵法的字裡行間，透過另一層方式來表達他對戰爭深沉的呼喚，或許比持仁義大旗，卻行殺戮之實的偽善者要真誠多了。

戰略思維上《孫子》「慎戰」、「全爭」、「全勝」的觀念前已論述，這種深刻體認戰爭殘酷，不願人民暴屍荒野，造成整個社會失序的悲慘狀況發生，所以最先提出明君賢將要非常謹慎的看待戰爭，把握「非利不動，非得不用，非危不戰」的三原則，「兵不頓而利可全」的全爭，敵我雙方都不受傷害「全國為上」的全勝，同樣戰爭「知己知彼，百戰不殆；知天知地，勝乃可全」的全勝觀，這是軍事家最高的仁本觀。我們再看作戰篇中所寫，知道他深知作戰消耗之大，人民受苦之深，所以它提出「夫兵久而國利者，未之有也」這種斬釘截鐵的結論，是放諸四海皆準的。最後他要求「故兵貴勝，不貴久」這樣將領才是「民之司命，而國安危之主也」。

（二）領導統御上

在將領的才能智、信、仁、勇、嚴中，仁就在其「中」，或許《孫子》之

意爲仁在人心，中心擴而充之，連及其他四者，成爲完美的將領。他在兵法中常言「知兵之將，民之司命」或「敵之司命」、「覆軍殺將，必以五危，不可不察」、「將之至任，不可不察」等等，這些都是對將領的要求，畢竟戰場上的指揮官，勝敗造成的影響太大了。另外在〈用間篇〉以仁爲標準，對將領做出一個很嚴厲的批判，那就是：「相守數年，以爭一日之勝，而愛爵祿百金，不知敵之情者，不仁之至也」。武官貪財，不知敵情，造成戰爭失敗，尤其從死傷角度看，眞是不仁之至。

　　仁一般都是將領本身應具備的修養，有仁心的將領人自然愛士卒，若做到「視卒如嬰兒，視卒如愛子」。那這些士兵當然會做到：「可與之赴深谿，故可與之俱死」。這是將領的仁與士兵之間最好的互動。

（三）與《司馬法》仁本的比較

　　基本上春秋時期兵的主體是士族，春秋時代的軍隊可以說是貴族階級的軍隊，就是因爲是貴族的，所以仍受傳統封建的俠義精神所主導。到了戰國時期，傳統的貴族社會被顛覆，代之而起的是國君的專制政治與個人地位可隨機轉換的社會，此時貴賤不易分，人人皆可布衣卿相，至少是個名義上平等的社會。在這點上，《孫子》「愼戰」的仁與《司馬法》提出「義戰」的仁，二者差異極大的。

1. 《孫子》愼戰的仁

　　春秋末期戰端不止，孫武著書以戰勝爲目標，但極力勸阻國君或將領勿以戰爭爲手段。《孫子》在〈始計篇〉一開始就說：「兵者國之大事，死生之地，存亡之道，不可不察也」。這意味著在從事戰爭前要做精密的估算，這是因爲兵者凶器，是國家的大事，關乎人民的生死存亡。因爲國家一旦發生戰爭，戰敗國會有亡國的可能，戰勝國也可能造成國家經濟的毀壞，甚至形成民族間的仇恨，更可能導致另外一次的戰爭。〈火攻篇〉再次說明愼戰重要，提醒「明主慮之，良將修之」、「明主愼之，良將警之」，這種仁是出於自我省察，是出自於內在的，不是外在規範的義，義雖然是以合宜的觀念出發，但風土民情的不同，往往文化的差異，造成文明的衝突，如前所言，往往有些不肖者利用義戰，行殺戮之實，令人心驚。

2. 《司馬法》義戰的仁

　　《司馬法》認爲戰爭是非不得以而所採用的手段，故「以仁爲本，以義

治之之為正。正不獲意則權。權出於戰，不出於中人，是故：殺人安人，殺之可也；攻其國愛其民，攻之可也；以戰止戰，雖戰可也」。

《司馬法》認為從事戰爭應遵守三項原則，「殺人安人，殺之可也；攻其國，愛其民，攻之可也；以戰止戰，雖戰可也」。這意味著《司馬法》對於戰爭的解讀在於「仁義」，是為了救民於疾苦，解民於倒懸，是所謂「弔民伐罪」的戰爭。當戰爭即將發生或已經發生，則非發動戰爭不足以消弭時，則發動戰爭以戰止戰則是必要的。

《司馬法》則提倡以仁為本的兵家思想，因為其政治思想係出於傳統中國的王道思想，講求仁政，「以仁為本，以義治之為正」，《司馬法》認為治國治軍，都需要以仁為本，同樣的，在對待敵人的方式上，《司馬法》也講求禮仁、信、義、勇、智，如「逐奔不過百步，縱綏不過三舍，不窮不能而哀憐傷病，成列而鼓，爭義不爭利，舍服，知終知始」等，使得《司馬法》當中的戰爭是為了公理與正義，而不是單純的追求國家利益而已。

在春秋末期，兵家的思想開始有了轉變，戰爭的目的是為了要消滅敵人武裝的抵抗能力，為了達到戰爭的目的，任何的手段都是可以接受的。孫武所處的時期所發生的吳、楚之戰、吳、越之戰，約略被視為戰國時代的開啟。《孫子》認為戰爭的一切行動都基於利害的考量，「兵以詐立，以利動，以分合為變」，就是以欺騙敵人的方法來隱藏本身的意圖，並根據有利的情況，來決定自己接下來的行為，也正如張預註，其言為：「以變詐為本，使敵不知吾奇正所在，則我可為立」並「見利乃動，不妄發也」，其註「兵者詭道也」說：「用兵雖本於仁義，然其取勝必在詭詐」。也就是以欺敵的手段來取勝。而為了要減少戰爭對於國家所帶來的經濟問題，《孫子》強調「取用於國，因糧於敵」、「智將務食於敵」、「取敵之利者，貨也」。總之在《孫子》看來，利益才是國家從事戰爭的動力，所以「非利不動，非得不用，非危不戰」。都是從利益來考量。

三、《吳子》的仁本觀

（一）教而後戰

他在戰略思維上，不像《孫子》那般深入的，像《孫子》「慎戰」、「全爭」、「全勝」的觀念全篇思想脈絡清晰，《吳起兵法》中的「仁本」，以愛民的心態來看，不易看出，若以「兵戰之場，立屍之地」，以儒家「以不教民戰，是

謂棄之」《論語・子路》的觀點來看，他在「教民」的部分是有很多描寫的。
《孫子》所言：「視卒如嬰兒，視卒如愛子」。如父子之兵的描繪，是發自內
心的關愛，與吳起的「父子之兵」是不同的，看他的說法：「所謂治者，居則
有禮，動則有威，進不可當，退不可追，前卻有節，左右應麾，雖絕成陳，
雖散成行。與之安，與之危。其眾可合，而不可離，可用，而不可疲，投之
所往，天下莫當，名曰父子之兵」。清楚的看出是以教育訓練著手的。

　　在其他有關教育上的描寫有「內修文德，外治武備」、「昔之圖國家者，
必先教百姓」、「制國治軍，必教之以禮，勵之以義」、「古之明王，必謹君臣
之禮，飾上下之儀，安集吏民，順俗而教」等等，以上皆出自〈圖國篇〉，這
是教育百姓爲先、爲主的。

　　訓練上有：「用兵之法，教戒爲先。一人學戰，教成十人；十人學戰，教
成百人；百人學戰，教成千人；千人學戰，教成萬人；萬人學戰，教成三軍。……
圓而方之，坐而起之，行而止之，左而右之，前而後之，分而合之，結而解
之。每變皆習，乃授其兵」（治兵）又「教戰之令：短者持矛戟，長者持弓弩，
強者持旌旗，勇者持金鼓，弱者給廝養，智者爲謀主。鄉里相比，什伍相保。
一鼓整兵，二鼓習陳，三鼓趨食，四鼓嚴辨，五鼓就行。聞鼓聲合，然後舉
旗」（治兵）

　　又「夫鼙鼓金鐸，所以威耳，旌旗麾幟，所以威目，禁令刑罰，所以威
心。耳威於聲，不可不清，目威於色，不可不明，心威於刑，不可不嚴」（論
將）。另外將領本身將也必須具有：「威、德、仁、勇」，這樣必定能夠「率下、
安眾、怖敵、決疑，施令」，這只是說明領導者若無才能，則何以教人？

（二）道德兵法

　　吳起深受儒家思想的薰陶。兵法講的雖爲戰爭，但卻高舉著道德的旗幟。
〈圖國篇〉就說國家的行爲舉止要合於「道義」，若「行不合道，舉不合義，
而處大居貴，患必及之」。所以要「綏之以道，理之以義，動之以禮，撫之以
仁。此四德者，修之則興，廢之則衰。故成湯討桀而夏民喜說，周武伐紂而
殷人不非。舉順天人，故能然矣」。其中提到商湯、周武王依四德道、義、禮、
仁爲治國之本，又因推翻暴君而發動戰爭，其結果是成功的，所以人民高興
而不去非難他們，這與儒家說法是如出一轍的。又說：「禁暴救亂，曰義」，
這與《司馬法》的「義戰」是一樣的。對待戰爭是以仁義爲標準，面對敵人
時要奮戰不懈，若遲滯不前，遭致作戰失敗，那時來談義與不義，已是無關

緊要的，甚至於大批的士兵，橫屍遍野於沙場上時，再面對那些僵硬的屍體痛哭，再談仁還是不仁，又有何意義。所以他說：「當敵而不進，無逮於義矣，僵屍而哀之，無逮於仁矣」。真是清楚的告訴人誠實的面對戰爭，千萬不要唱高調，也不要有鴕鳥的心態。

（三）無逞殘心

〈應變篇〉有：「凡攻敵圍城之道，城邑既破，各入其宮，御其祿秩，收其器物。軍之所至，無刊其木，發其屋、取其眾、殺其六畜、燔其積聚，示民無殘心。其有請降，許而安之」。這與《孫子‧火攻篇》所云：「戰勝攻取而不修其功者，凶，命曰：費留」，其實意義上是相同的，主要就是不要燒殺虜掠，所到之處無不殘破，戰爭為不得已，就算戰勝，但不得民心，又有何用？《司馬法》強調的是不擾民，要愛民，所以說戰道是：「不違時，不歷民病，所以愛吾民也。不加喪，不因凶，所以愛夫其民也；冬夏不興師，所以兼愛民也」。這得民心者，得天下的觀點，一向就是儒家所倡導的。

《司馬法‧仁本篇》中有：「入罪人之地，無暴神祇，無行田獵，無毀土功，無燔牆屋，無伐林木，無取六畜、禾黍、器械。見其老幼，奉歸勿傷。雖遇壯者，不校勿敵。敵若傷之，醫藥歸之」。看這些敘述，吳起應是擷取部分來用，但從更高的角度來看二者的意境，《司馬法》表現出那超強者的胸襟，是現今強權應深思的。其實《孫子》的戰勝攻取，要修其功，這讓戰勝者留下無限想像的空間說詞，反而是高明的。

第七節　不合時宜及難解之處

一、《孫子》

（一）不合時宜之處

現今科技發達，戰具一日千里，如「晝以旌、旗、旛、麾為節，夜以金、鼓、笳、笛為節」等，早已不合時宜，這裡是不作批判的。

1. 愚兵思想

看《孫子》在〈九地篇〉中的一段話：「能愚士卒之耳目，使無知；易其事，革其謀，使民無識；易其居，迂其途，使民不得慮。帥與之登高，去其梯；帥與之深入諸侯之地，發其機。若驅群羊，驅而往，驅而來，莫知所之」。

這裡的「愚」是動詞，是愚昧、愚弄的意思，所以是用欺騙隱瞞、欺騙作弄來愚士卒的愚兵政策，說明指揮者可用愚兵的方式，來帶領士兵遂其所願。在戰場上統一意志，集中力量發揮最大的打擊力，迫使對方屈服，任誰也是如此，但爲了求勝而不擇手段，以勝利爲最高的追求目標，終將導致「一將功成萬骨枯」的慘痛教訓，所以《孫子》在這方面未能經得起時代考驗，也是爲人所詬病最多的地方。

另外〈九地篇〉又有：「犯三軍之眾，若使一人：犯之以事，勿告以言；犯之以害，勿告以利」。同樣強調愚兵政策，或許在知識不普及的時代，用此爲指揮者的不得已之法。

第二次的波斯灣戰爭，美軍第四步兵師，爲全球第一個數位化的部隊，每一位士兵，都能透過數位化的裝備與指揮所聯繫，高度的知識化、科學化，完全與愚兵政策相反，這是《孫子》始料未及的地方，可是不能以此貶抑《孫子》在兵法上的價值，畢竟是瑕不掩瑜的。

2. 失去科學價值

前面談到許多《孫子》有關科學的部分，這裡爲何又有非科學的部分，在此只能說科學是實證爲主的，經不起驗證，當然被淘汰，但以當時來說，很多當時認爲是科學的，經過知識的累積而後提升，推翻了許多當時認爲科學的知識，所以只要不違反科學精神就好，相信《孫子·火攻篇》所言：「月在箕、壁、翼、軫也；凡四者，風起之日也」。在當時是科學的，因爲一般人誰會去注意「二十八宿」是啥？更何況「箕、壁、翼、軫」四宿爲何？所以當時能知天文知識，能不科學嗎？

在〈火攻篇〉另有一句敘述說；「火發上風，無攻下風」。這就非常科學了，雖然是常識上的判斷，但經得起驗證，即是科學，《孫子兵法》能被挑剔的地方很少，這也是他高明的地方。

3. 其　他

〈用間篇〉之「死間」必死，因爲「死間者，爲誑事於外，令吾間知之，而傳於敵」。又「間事未發而先聞者，間與所告者皆死」。現今站在人道的立場來看，這是非常不應該的，是不合時宜的，但目前各國都是以國家利益爲至上，只要是牽涉到到國家最高機密的事情，還是如〈用間篇〉一般處理。

另外在攻城的部分，有人說到孫臏時就提出雄、牝城，雄城難攻不落，雌城易攻難守，來論述這二種城市的地形特徵，加之戰國時期大城市的興

起，其也是政治、經濟、文化的中心，攻城似乎成為必要之手段，時至今日，以第二次的波斯灣戰爭為例，美軍一心一意的要攻入巴格達城，更證明攻城之理論為是，然以此來打擊《孫子》「其下攻城」之理論，是不公平的。其實，平心而論，《孫子》的「上兵伐謀，其次伐交，其次伐兵，其下攻城」，他是一層一層來的，主要是說明他「全爭於天下」的觀念，所以前三者皆無效時，才採取攻城，故其言「攻城為不得已之法」。所以站在「全爭」的角度看，攻城是殘酷的，尤其如《孫子》所言：「殺士卒三分之一而城不拔者，攻之災也」。

　　須值得一提的是《竹簡孫子兵法》有三篇佚文：「〈吳問〉、〈黃帝伐赤帝〉、〈見吳王〉」。其中〈吳問〉有記述孫子回答吳王闔閭的詢問。吳王問孫子曰：「六將軍分守六國之地，孰先亡？孰固成？」就是晉國的「六將軍」（六卿：范、中行、智、韓、魏、趙氏）誰先滅亡、誰能成事。孫子以各氏「制田」與「稅率」來判斷孰先亡？孰固成？孫子認為趙氏的制田以「二百四十步為畝」，比原來周制「六尺為步，步百為畝」更寬，以此授田農戶可滿足農民需求；趙氏對授予農民的田畝「無稅」，連十分抽一的「徹」稅也免除，只徵收一些為加強戰備的軍賦；趙氏「其置士（士卒、將官或大夫、官吏）少，主斂臣收（意與主驕臣奢反），以御富民，故曰固成，晉國歸焉」。按照孫武分析，晉國將由趙氏統一。理論是精闢的，可惜人主貪婪之心，孫武無從觀察，所以其推論中，智氏先滅范、中行二氏，智氏欲滅趙氏時，其貪得無厭之心，使得韓、魏反而聯合趙氏滅了智氏，其結果是韓、趙、魏三家分晉，這與孫武的判斷是不同的。

（二）難解之處

　　《孫子》說智將務食於敵，站在國家利益是一定要如此的，但《孫子》有言「侵略如火」、「掠鄉分眾」、「廓地分利」、「重地則掠」、「掠於饒野」等等，這都是強調暴力的作為，相信一定會讓對方人民反彈，這樣與其「智者之慮，必雜於利害」，是相衝突的，因為從政治作戰上來看，只見其利，未見其害。吳起是取官方的資產，故其在城邑既破時，才「各入其宮，御其祿秩，收其器物」。對老百姓他是「軍之所至，無刊其木，發其屋，取其眾，殺其六畜，燔其積聚」。主要他是要表達「示民無殘心」。從政治作戰的觀點看，吳起是高明的。另外從《孫子》的「修道保法」來看，那些是土匪流寇的作為，既是「修道」，總不會修成這種道吧？

二、《吳子》

（一）不合時宜之處

　　吳起晚生於孫子，但仍無法擺脫一迷信的想法，或許仍受春秋時代舉大事（祀與戎）要祭告祖廟，然後用廟中大龜來卜卦，以判定吉凶，其間還要參照天干地支（時辰），若是吉利，方能舉大事，這裡指的是戰爭，其言如下：「不敢信其私謀，必告於祖廟，啓於元龜，參之天時，吉乃後舉」。《孫子》是「廟算」著「五事、七計」之孰多孰寡，來判定勝負而決定舉事與否，〈用間篇〉直言「必取於人」，如前所言是科學的。

　　另外〈治兵篇〉言三軍之進止有道，其曰：「必左青龍，右白虎，前朱雀，後玄武，招搖在上，從事在下」。這亦不合時宜的，尤其曰「必」字，不但迷信而且武斷，這最不足取。

（二）難解之處

　　《吳起兵法》相當多難明之處，或許從歷史的記載中可窺出端倪。

道德上：

　　回顧第二篇所述吳起之爲人，首先殺妻求將描寫吳起「欲就其位，遂殺其妻」。二是母死不奔喪，吳起殺人而致逃亡他鄉，當與其母親訣別時，咬著自己手臂而發誓：「起不爲卿相，不復入衛」。於是事曾子，期間吳起母親死了而不奔喪，曾子與其斷絕師生關係。白居易的〈慈烏夜啼〉詩特別描寫吳起這段經過，其詩曰：「昔有吳起者，母歿喪不臨，嗟哉斯徒輩，其心不如禽」。

　　以上殺妻求將，母喪不臨，吳起爲了「貪得功名」，在品德上沾上重大污點。但吳起卻對魏武侯說在德不在險的故事：「我不認爲地理形勢有什麼重要，國家的安危，在領導人的品德，不在山川的險阻」，所以告知曰：「若君不修德，則舟中之人盡爲敵國也」。這種爲求目的不擇手段的性格，使他在治兵上有所謂道德兵，是有扞格不入的。

治兵上：

　　《史記》所述吳起爲將時是：「與士卒下者同衣食，臥不設席，行不騎乘，親裹贏糧，與士卒分勞苦。一次，有卒病疽者，吳起爲之吮瘡，卒母聞之而哭，有人曰：「子卒也，而將軍自吮其疽，何哭爲？」母曰：「非然也。往年吳公吮其父，其父戰，不旋踵遂死於敵。吳公今又吮其子，妾不知其死所矣。是以哭之」。又《尉繚子·武議篇》中記載：「吳起與秦戰，舍不平隴畝，樸

嫩蓋之，以蔽霜露，如此何也？不自高人故也」。這都說明他是與士卒們同甘共苦，穿一樣的衣服、吃一樣的食物，睡時睡地上，不另外設床；行軍時徒步，絕不騎馬；親自背負乾糧，分擔士兵辛勞。士兵有害疽瘡者，吳起親自用口爲他吸膿。士兵的親娘聽到這件事，痛哭失聲。人們問怎麼回事，她說：「當年，吳起曾爲孩子的爹吸過瘡膿，孩子的爹奮勇殺敵，戰死沙場。如今，吳起又替孩子吸膿，不知日後孩子將身死何處？想及此，怎能不哀傷」？這樣看來吳起應是如它所言是：「父子之兵」，不似用來攏絡人心的，這樣讓士兵甘心爲他出生入死，這是他治兵有術的地方。所以文侯以吳起「善用兵，又清廉公平，所以盡得軍心，於是以爲西河守，以拒秦、韓」之兵。

但是司馬遷又記載了文侯賢，吳起聞之，欲事之而見文侯的一段話，內容爲：「文侯問李克曰：吳起何如人哉？李克曰：起貪而好色，然用兵司馬穰苴不能過也。這「貪而好色」與上之所言極不相稱，另外記述他與田文爭功，又與「清廉公平」不相稱，司馬遷最後說他：「刻暴少恩亡其軀」。總結了他的一生，但從以上道德與治兵看其爲人，應該是功名利祿讓吳起喪失自我，甚至於爲達目的不擇手段，所以在兵法中有許多難明之處。

1. 與道義相相矛盾的

吳起〈圖國篇〉有言「行不合道，舉不合義，而居大處貴，患必及之」，就是告知「行要合道，舉要合義」，不然必有災禍及身。又治國以「四德」，要「綏之以道，理之以義，動之以禮，撫之以仁」。但他認爲戰爭發生的原因有五個，一曰爭名。二曰爭利。三曰積惡。四曰內亂。五曰因饑。這五個都與道義是相相矛盾的，內亂、因饑是明顯的違反道義，那直接就是趁人之危。再看爭名、爭利，有道義者，名其自來，無需用爭，就算爭來講，也是爭義不爭利。最後以積惡來看似乎說的過去，但有道義，如何積惡，就算有積惡，道義亦可化之。

接著又說「五兵」：「一曰義兵。二曰強兵。三曰剛兵。四曰暴兵。五曰逆兵。禁暴救亂，曰義，恃眾以伐，曰強，因怒興師，曰剛，棄禮貪利，曰暴，國亂人疲，舉事動眾，曰逆。五者之服，各有其道：義必以禮服，強必以謙服，剛必以辭服，暴必以詐服，逆必以權服」。五者的定義，是無多大爭議的，但義兵是禁暴救亂的，以「禮服」何干？除非對方打著禁暴救亂的旗幟，以掛羊頭賣狗肉的方式，行非義兵的行爲，這時以「禮服」，或許還行的通，況義兵爲「正」，其餘四者爲「邪」，突兀的把它們擺在一起，讓人感覺

相當不諧調。

2. 自相矛盾的

（1）勵士用術

　　激勵士氣絕對是重要的，況激勵士氣是因時、地、狀況而制宜的，且指揮者在當時的智慧發揮是很重要的。所以平日的訓練爲治軍之根本，這才是人主之所恃。吳起相當多的篇幅在說明「以治爲勝」的思想。「治」即訓練有素，使士卒進退舉止皆能中金鼓之節，加之「夫鼙鼓金鐸，所以威耳，旌旗麾幟，所以威目，禁令刑罰，所以威心。耳威於聲，不可不清，目威於色，不可不明，心威於刑，不可不嚴」（論將）。強調的都是訓練爲要，他的「父子之兵」說的最清楚：「治者，居則有禮，動則有威，進不可當，退不可追，前卻有節，左右應麾，雖絕成陣，雖散成行。與之安，與之危。其眾可合不可離，可用而不可疲，投之所往，天下莫當，名曰父子之兵」。所以在〈勵士篇〉有：「武侯問曰：嚴刑明賞，足以勝乎？起對曰：嚴明之事，臣不能悉，雖然，非所恃也。夫發號布令，而人樂聞，興師動眾，而人樂戰，交兵接刃，而人樂死。此三者，人主之所恃也」。他怎能說：「嚴明之事，臣不能悉」。就算權宜之計，也非常理，因爲「嚴刑明賞」，本來就是治軍之根本，吳起是再熟悉也不過了。又「發號布令，而人樂聞，興師動眾，而人樂戰，交兵接刃，而人樂死」是爲人主之所恃，但如何致之，若用他下面所說的方式：「設坐廟廷，爲三行，饗士大夫。上功坐前行，餚席兼重器上牢；次功坐中行，餚席器差減，無功坐後行，餚席無重器。饗畢而出，又頒賜有功者父母妻子於廟門外，亦以功爲差」。這是一種「操作短線」的作法，有著「重術派」的樣子，與其所言「內修文德，外治武備」、「先教百姓而親萬民」、「綏之以道，理之以義，動之以禮，撫之以仁」、「教之以禮，勵之以義」、「謹君臣之禮，飾上下之儀，安集吏民，順俗而教」、「使賢者居上，不肖者處下」、「民安其田宅，親其有司」以上等等，都是儒家立國安邦之要，吳起曾事曾子，上言論也以儒學爲宗，所以「設坐饗士」總感覺有不妥之處，若以吳起治儒、法於一爐，那又另當別論了。在「亦以功爲差」之下，接著說：「有死事之家，歲遣使者，勞賜其父母，著不忘於心」。這倒是真正發揮儒家的「愛人」之精神，這點是需要提倡的。

（2）不待吏令

　　〈勵士篇〉有「不待吏令，介冑而奮擊者以萬數」。以吳起之「與士卒同甘共苦」、「吮瘡吸膿」，又有號稱「父子之兵」的部隊，戰爭時「發號布令，

而人樂聞，興師動眾，而人樂戰，交兵接刃，而人樂死」。所以「介冑而奮擊者以萬數」，這是會發生的，加之吳起治軍有術，如前所言，所以「不待吏令」，這種明顯破壞紀律的行為，與其治軍之術是大相逕庭的。另外看《尉繚子・武議篇》中有「吳起與秦戰，未合，一夫不勝其勇，前獲雙首而還。吳起立斬之。軍吏諫曰：此材士也，不可斬！起曰：材士則是也，非吾令也。斬之」。明顯看出矛盾之處。

（3）死賊為例

〈勵士篇〉強調的是激勵士氣，所以該篇的「人有短長，氣有盛衰」。講的一定是「激勵士氣」，他所言死賊「伏於曠野，千人追之，莫不梟視狼顧，何者？恐其暴起而害己也」。這心理能夠了解，所以「一人投命，足懼千夫」的氣勢也能領會，但以部隊來說，如何成為一死賊，他沒說明，像《孫子兵法》九地篇說：「凡為客之道：深入則專，……兵士甚陷則不懼，無所往則固；深入則拘，無所往則鬥。是故，其兵不修而戒，不求而得，不約而親，不令而信；禁祥去疑，至死無所之」。這氣勢是「深入」及「甚陷」所使然，況且他用必死之賊人，這種非善類的譬喻，站在儒者之言，不倫不類。

3. 違反公約

〈應變篇〉記有：「武侯問曰：有師甚眾，既武且勇……糧食又多，難與長守，則如之何？起對曰：……能備千乘萬騎，兼之徒步，分為五軍，各軍一衢。夫五軍五衢，敵人必惑，莫知所加。……彼聽吾說，解之而去。不聽吾說，斬使焚書，……此擊強之道也」。兩國交戰不斬來使，這是戰時大家遵守的公約，但他卻「斬使焚書」，實在令人不解。《孫子兵法》在〈九地篇〉中就說：「政舉之日，無通其使」，未如吳起所言斬使焚書這樣，令人難明。

結　論

　　中國兵家之言發人深省，人類歷史往往被稱爲戰爭的歷史，中國亦然，未有各家之學時，應早有兵家之論，畢竟這是統治者需要的，因維持王國地位，廢兵免談。古早之時，他們就直接參與戰爭，目睹戰爭，最能體會戰爭，所以有關戰爭的名言如：「國雖大，好戰必亡，國雖安，忘戰必危」(《司馬法·仁本》)。這種對軍事精闢的見解，統治者要如何拿捏到恰到好處，這是智慧，這是懂軍事的人，他們自成一群，早就有精闢獨到的見解流傳於當時，雖然應載於如《軍政》、《軍志》中，可惜散佚，只見他書的零星記載，但這一群人累積軍事上的智慧，是令人欽佩的。尤其孫、吳二人能自成一家之言，畢竟隻眼獨具，爲當世人青睞，造成藏孫、吳者家有之，使兵家之學有藏有傳，終能別開生面，獨樹一幟，爲兵學奠下基礎。

　　從《孫子兵法》中，讓我們看到一個以純軍事家的角度來分析兵事，因爲「戰道必勝，主曰：勿戰。必戰可也；戰道不勝，主曰：必戰。勿戰可也」。這種置個人死生榮辱於度外，進不求名，退不避罪的心理，這是《孫子》與《吳子》最大的不同點，其結果也影響到後來政治家對戰爭所抱持的態度，其雖以政略領導戰略，知政治家爲最高的指揮者，但戰爭開打時，政治家不再干涉軍事，由軍事家在戰場上，完全發揮他們的領導藝術，做了最好的說明，同時在軍隊國家化上，軍人不再擅權，免除了軍人干政、軍人推翻政權的疑慮，這不都是目前理想的國家權力結構嗎？另外《孫子》在戰略、戰術上的原理與原則，至今軍事家仍奉爲圭臬，這是在中國兵學上，最令人稱道的地方。

　　吳起提出了戰爭的目的、原因，雖然定義不甚完善，出發點也令人質疑，

但弔民伐罪的「義戰」，跳出了夏、商、周所言之義戰那裡再看到「如大旱之望雲霓」、「解民於倒懸」、「救民於水火之中而登衽席之上」的情境，結果老百姓是「簞食壺漿，以迎王師」的說：「奚為後我」？所以看到其以後的戰爭，原因真如其所言，尤其這次的波斯灣戰爭，更是如此，回味他所說的戰爭原因：「爭名、爭利、積惡、內亂、因饑」，真是真知卓見，是否他早已知道人類因物質進步，肉食者鄙，缺少反省能力，反而戰爭思想退步了。

先秦之時，有關反省戰爭之言，不管何人、何家所論，我們不得不佩服他們細微的觀察如：「佳兵不祥」、「師之所處，荊棘生焉」、「大軍過後，必有荒年」、「爭地以戰，殺人盈野；爭城以戰，殺人盈城」、「爭者逆德，兵者凶器，將軍死官」、「慎始慎終」、「知天知地，勝乃可全」、「未聞兵久而國利者」等等，由人道的觀察，提出他們看法，雖然對戰爭做出價值判斷，但不做是非的判斷，其悲天憫人之心才是他們的重點，這也是我們要深刻反省的。

參考書目

一、參考書目

1. 《十一家註孫子》，郭化若譯，香港，中華書局，1973 年 2 月。
2. 《十三經注疏》，尚書，新文豐出版公司，清嘉慶二十年重刊宋本。
3. 《十三經注疏》，詩經，新文豐出版公司，清嘉慶二十年重刊宋本。
4. 《十三經注疏》，左傳，新文豐出版公司，清嘉慶二十年重刊宋本。
5. 《十三經注疏》，論語，新文豐出版公司，清嘉慶二十年重刊宋本。
6. 《十三經注疏》，孟子，新文豐出版公司，清嘉慶二十年重刊宋本。
7. 《中國通史》，林瑞翰著，三民書局，民國 69 年 1 月。
8. 《中國通史》，羅香林著，正中書局，民國 70 年 6 月。
9. 《中國通史》，傅樂成著，大中國圖書公司，民國 80 年 8 月。
10. 《中國軍事思想史》，魏汝霖，劉仲平著，華崗出版有限公司，民國 68 年 11 月。
11. 《中國軍事史話》，褚柏思著，黎明文化事業公司，民國 69 年 8 月。
12. 《中國軍事教育史》，李震著，中央文物供應社，民國 72 年 2 月。
13. 《中國政治國防史》，李震著，台灣商務印書館，民國 75 年 5 月。
14. 《中國政治思想史》，蕭公權著，中國文化大學出版部，民國 77 年 10 月。
15. 《中國戰略思想史》，紐先鍾著，黎明文化事業公司，民國 81 年 10 月。
16. 《中國歷代兵法家軍事思想》，金基洞著，幼獅文化事業公司，民國 81 年 10 月。
17. 《中國文化與中國的兵》，雷海宗著，里仁書局，民國 73 年 3 月。
18. 《中國兵法之起源》，姜亦青（校），東門出版社，民國 80 年 6 月。
19. 《中國古代兵書》，柳玲著，台灣商務印書館，民國 83 年 7 月。

20. 《先秦的兵家》，李訓詳著，國立臺灣大學出版委員會，民國80年。

21. 《兵學的智慧》，徐瑜著，漢藝色研出版社，民國81年。

22. 《史記》，司馬遷著，中新書局，民國65年5月。

23. 《司馬法今註今譯》，劉仲平注譯，台灣商務印書館，民國66年12月。

24. 《司馬法》，司馬穰苴，中華書局，民國72年12月。

25. 《司馬兵法》，姜亦青（校），東門出版社，民國80年6月。

26. 《左傳評論選析新論》，洪順隆著，中國文化大學出版部，民國71年10月。

27. 《左傳思想探微》，張瑞穗著，學海書局，民國76年1月。

28. 《左傳之武略》，張高評著，麗文文化事業有限公司，民國83年10月。

29. 《左傳漫談》，郭丹著，頂淵文化有限公司，民國86年8月。

30. 《老子哲學評論》，譚宇權著，文津出版社，民國81年8月。

31. 《老子帛書老子》，王弼注，學海出版社，民國83年5月。

32. 《兵學的智慧》，徐瑜著，漢藝色研出版社，民國81年6月。

33. 《吳子兵法，吳起著，台灣中華書局，民國70年10月。

34. 《吳子今註今譯》，傅紹傑注譯，台灣商務印書館，民國74年12月。

35. 《吳子兵法》，姜亦青（校），東門出版社，民國80年6月。

36. 《吳子兵法》，陳策注譯，武陵出版社，民國81年5月。

37. 《尚書研究論集》，劉德漢著，黎明文化事業公司，民國70年1月。

38. 《春秋至秦漢之都市發展》，蕭國鈞著，台灣商務印書館，民國73年8月。

39. 《春秋左傳詁》，洪亮吉，王雲五著，台灣商務印書館，民國57年3月。

40. 《春秋左傳》，杜林合注，學海出版社，民國64年8月。

41. 《春秋左傳正義》，杜預，孔穎達，中華書局，民國68年11月。

42. 《春秋左傳今註今譯》，李宗侗註譯，台灣商務印書館，民國82年3月。

43. 《春秋左傳注》，楊伯峻注譯，漢京出版社，民國82年5月。

44. 《孫子兵法校釋》，陳啓天校釋，中華書局，民國41年。

45. 《孫子十家註》，王雲五編，台灣商務印書館，民國58年11月。

46. 《孫子的體系的研究》，李君奭著，中台印刷廠，民國63年3月。

47. 《孫子兵法大全》，魏汝霖編，黎明文化事業公司，民國68年10月。

48. 《孫子兵法》，孫武著，台灣中華書局，民國70年10月。

49. 《孫子兵法之綜合研究》，李浴日著，復文書局，民國74年3月。

50. 《孫子兵法》，王建東編著，將門出版社，民國75年10月。

51. 《孫子兵法》，姜亦青（校），東門出版社，民國80年4月。